每一天的銷售策略

BLAIR SINGER
布萊爾・辛格——著
褚婷——譯

「溝通銷售力」讓你不被 AI 取代！
實現自我致富人生的懶人包。

CONTENTS

目錄

Chapter 6

成功銷售的關鍵步驟（第一部分） 116

Chapter 7

成功銷售的關鍵步驟（第二部分）

Chapter 8

打造你的銷售技巧

Chapter 9

銷售職涯

資源篇：臨別贈言

【推薦序二】

一本能讓團隊每天練功的書

——黃鵬峻／芩業國際教育學院創辦人、Corporate Connections C區執行董事

「怎麼帶出有業績的團隊？」

「怎麼讓人敢開口、會成交、不被拒絕打倒？」

說穿了，問題只有一個：銷售基本功沒打穩。

身為老師，我相信教育能改變人生；身為經營者，我更清楚：企業能不能活下去，不是靠產品多好，而是銷售有沒有打得開。

銷售＝收入，這句話很現實，但更真實的是——它決定一個人能不能為自己的人生負責。

我讀過很多銷售書，也設計過無數場培訓課程，但布萊爾・辛格的《每一天的銷售策略》，讓我眼睛一亮。這不是一本講理論的書，而是一本能讓人每天練、練得出成果的書。內容簡單、扎實、能用。

所以我想給你一個很實際的建議：

這本書，不要急著看完，要每天用、每天練。

如果你是一線銷售：每天翻一頁，想一個昨天遇到的客戶，今天用書裡的方法試一次。如果你是主管：每週挑一個章節，做十分鐘模擬練習，一個人講，其他人給回饋。如果你做內訓、教學：這本書就是十二堂內訓模組，每一章都能切成實戰腳本，讓你省備課，也更接地氣。

實戰演練才能讓整個團隊在流程中優化，從訓練中得到自信。

我不只是推薦這本書，我在二〇一四年就決定把布萊爾全系列的書，通通引進來、全面出版；因為我相信台灣需要的不是更多理論，而是一套能被團隊「每天用」的銷售與領導的訓練系統。

布萊爾不只是銷售導師，更是一位懂得領導、懂得落地、也懂得陪伴的教育者。對我來說，這套書不只是訓練工具，更是文化建構的基石。所以別等到有空才看這本書，你今天就可以從一頁開始，讓這本書成為你業績、信心與影響力的訓練起點。

用書，不看書。這是我最真誠的推薦。

【推薦序二】

銷售的熱情與智慧——致敬布萊爾・辛格的傑作

——王芮慈／美商威尼克斯 VIVISPA 創辦人

身為美商威尼克斯 VIVISPA 創辦人，倍感榮幸獲邀為布萊爾・辛格新書《每一天的銷售策略》撰寫推薦序。這不僅是對一位銷售領域大師的敬意，更是我對銷售熱愛的真誠回響。作為一位充滿熱情且自信的業務人，我堅信銷售是一門藝術、一種生活方式，而由布萊爾・辛格以其非凡的洞察與經驗所打造的此書，無疑是點燃這份熱情的完美火種。

布萊爾・辛格是一位當之無愧的頂尖銷售大師，他的豐富實戰經驗與深刻見解在《每一天的銷售策略》中熠熠生輝。書中提到的「黃金法則」等核心概念，將複雜銷售技巧化為簡明而實用，不僅充滿智慧，更像是一盞明燈，照亮每位讀者在銷售路上的每一步。大師以其獨特的視角，將銷售的精髓提煉為系統化的指導，讓每一位業務人都能從中輕鬆受益，集合智慧與專業，實令人敬佩。

本書結構設計完美，從建立客戶信任到順利締結交易，每一章節都體現了對銷售細節的極致掌控，內容溫暖而有力，將情感與策略巧妙融合，教導我們如何以真誠贏得客戶的尊重。結合細膩與深度，無疑是其多年經驗的結晶，讓人深刻感受到布萊爾．辛格對銷售藝術的熱愛與執著。我在閱讀此書時，被他的洞察力深深打動，彷彿置身於導師親自教導之中。

更令人讚嘆的是，布萊爾．辛格對日常實踐的強調。銷售的成功從來不是一蹴而就，而是源於每一天的努力與積累。他在書中提供的指導，猶如一位可靠的夥伴，鼓舞讀者在挑戰中成長，在勝利中前行。布萊爾．辛格的這一理念，將銷售轉化為一種持續進步的旅程，他的遠見與熱情無疑為人們注入新的生命力。

此外，《每一天的銷售策略》的價值遠超銷售本身。布萊爾．辛格以其卓越的智慧，揭示了銷售與創業及領導力之間的深層聯結。他的洞見讓人意識到，無論是推廣產品還是傳遞理念，銷售的本質都是建立信任與創造價值。這種跨領域的啟發，展現了布萊爾．辛格作為思想家的廣闊視野，讓這本書成為每位追求成長之人的珍貴寶典。

感謝布萊爾．辛格將他畢生的智慧與熱情凝結於此，打造出一部足以改變銷售思維的經典之作，讓類似像我這樣熱愛銷售的人，能在未來走得更穩更遠。

我謹以此序，誠摯地推薦這本書，期待它能為您帶來啟發的喜悅，點燃您的熱情，引領您走向成功的巔峰！

【推薦序三】

衷心推薦每一個人都應該要看這本書

——沈剛、李悅悌／南山人壽 業務總監

我衷心推薦每一個人都應該要看這本書！

因為在現今這個變動如此快速的AI時代，人人都更要培養自己不可被取代的能力！其中我認為最關鍵的一項能力就是「銷售力」！

「銷售力」不僅僅是銷售產品而已，最重要的是能夠銷售出自己！

我和太太在保險業從事銷售工作和帶領業務團隊二十一年，熟知各樣的銷售心法與技法；也上過不少銷售方面的課程，更閱讀過不少銷售方面的書籍。但這本書真的很值得收藏，因為它能夠輕鬆運用故事帶入情境、也將艱澀轉化為容易咀嚼的文字，更棒的還有小技巧速查的功能，可以將關鍵概念與實用資源濃縮成小技巧，為喜歡快速吸收重點的讀者提供知識精華，藉由反覆實踐，內化為自己的內功。

就像書上所說，銷售不只是一項職業技能，更是一種生活技能。老師將銷售去神祕化，沒有艱澀難懂的術語，內容簡單明瞭且實用，直切要點。除了傳授銷售技巧，也幫助讀者打造心理韌性，讓你不怕挑戰困難、升級你的人生。

上一本書，布萊爾老師用他多年的智慧與教學經驗，很有系統地透過「銷售狗」的概念，將人們分為五種類型，幫助讀者找到最適合自己的銷售風格，讓自己從優勢出發，發揮自己最強的「銷售力」；這一次，老師用更宏觀更系統化的方式來說明技巧，例如：銷售三角形、克服害怕被拒絕的十種方法、七個關鍵銷售步驟、處理客戶的五大常見異議……讓我們簡單明瞭地吸收。

讓我們一起透過學習，掌握幸福人生的發球權！

【熱力推薦】

身為床墊連鎖品牌的經營者，我比誰都清楚：「業績，不是來自行銷，而是來自每一位銷售夥伴每天的狀態」。

我帶領每一位門市與線上人員學習布萊爾．辛格的「犬性思維」，也讓他們回頭寫報告，不是為了考核，而是因為這本書、這個系統，是我們整個銷售訓練的起點。

《每一天的銷售策略》不只是一本書，它像一套作戰地圖，幫助我們面對拒絕、激發自信、設計話術、處理異議，甚至調整每天的狀態。這是一本我們團隊拿來「用」的書，不是「看」的書。

如果你也是領導者，如果你正在尋找突破業績與帶人盲點的答案，這本書會是你起跑的起點。

——陳三傑／床的世界總經理

我一直相信，影響力是這個時代最珍貴的資產之一，而「銷售力」則是每個人都該具備的影響力核心。銷售，不只是成交產品或服務，更是我們在說服他人、爭取支持、推動改變、甚至勇敢面對人生下一個挑戰時，所依靠的關鍵能力。

閱讀布萊爾．辛格的《每一天的銷售策略》，讓我深刻感受到，這不只是一本文字簡潔的工具書，更是一場來自實戰現場的溫柔提醒：提醒我們，真正的銷售，是為了幫助人們得到他們想要的東西，是為了建立信任、連結與價值。書中從銷售自己的起點、到面對被拒絕與出糗的恐懼，再到如何精準傾聽、對話、成交與後續跟進，每一章節都環環相扣，實用又真誠。

我特別欣賞作者對「銷售即影響」的詮釋。他說，一位偉大的領導者或老師，其實都是優秀的銷售者；能夠說服、激勵、召喚人們相信更大的可能。這本書會幫助您解鎖這樣的能力，不論您是企業家、領導者、上班族，或是正準備踏出第一步的人。我誠摯地邀請您，打開這本書，開始每一天的銷售練習，也就是每一天的影響力行動，成為真正能改變自己與他人生命的人。

——王孝梅 (Qmei) ／ Corporate Connections 台灣國家董事

即使你最終在銷售方面只達到普通水準，但只要克服了在意他人眼光的恐懼，你依然能為自己開啟一個全新的世界。

前 言

一本薄薄的書能教會你一生賺取可觀收入所需的一切知識嗎？

這聽起來也許很瘋狂，但這就是那本書——因為它揭示了穩定銷售的祕密。而銷售將是你能學到的最重要的技能。

為什麼？因為銷售不僅僅是讓客戶購買產品或服務。它還關乎招募人加入你的團隊或是進入你的願景，關乎尋求幫助以獲得你想要的東西，甚至是邀請某人約會；更重要的是，它還包括鼓起勇氣迎接人生的下一個挑戰。

如果你正在閱讀這本書，也許你對銷售職業是否適合自己感到好奇。也許你已經在從事銷售工作，但希望了解如何更有效地銷售並賺取更多收入。或者，你是一名企業家，想增加銷售量、籌集資金或創造更高的利潤；又或者，你只是想開始一個副業。

這本書是為所有這些人而寫的。《每一天的銷售策略》呈現了一個簡單且經過驗證的銷售系統，這是我幾十年來在全球使用並教授的。

想尋找一些使用科技來提升銷售的酷炫新方法嗎？這本書不是那樣的書。

多年來，我了解到，單靠某個新的花招或技術並不足以讓你成為頂尖的銷售員。技術會不斷變化，但它們無法改變說服客戶購買所需的基本技能。這本書提供的是基於基本的、可靠的原則，無論你是在線銷售小商品，還是面對面推銷高價產品，都能幫助你日復一日地取得穩定的收入。

邁向財務自由的最佳途徑之一就是創業。然而，大多數新創企業很快就失敗了，並不是因為缺乏努力、產品或服務不良，或是團隊懶惰。問題的根源總是可以追溯到銷售技巧的不足。無論我走到世界的哪個角落，當我聽到有人抱怨收入不夠高、對生活方式不滿意，或者覺得工作太辛苦，我都知道這些問題其實有著相同的根本原因：他們可能以為自己懂得如何銷售，但事實上，他們要麼真的不懂，要麼就是不喜歡銷售。

嗨，我是布萊爾

二十五年前，當我離家鄉半個地球遠，在銷售領域開始我的職涯，那時候，銷售這件事確實讓我感到相當畏懼。我是一個留著長髮、外表邋遢的年輕人，住在一間破舊的公寓裡，對自己的未來毫無頭緒——甚至連一套正裝都沒有。我在夏威夷艱難地努力，試圖建立屬於自己的獨立生活。

我注意到，身邊那些開著炫酷跑車、住在高級住宅的朋友們，幾乎都是做銷售的；於是，我決定嘗試找一份銷售的工作。雖然聽起來有點戲劇化，但這個決定改變了我整個人生的軌跡。

當時我挨家挨戶敲門，只為了找到一份工作。獲得工作後，我又繼續敲更多的門，試圖把計算機賣給辦公室經理。這是一段極其殘酷的銷售入門經歷（如果你對細節感到好奇，第三章有更多血淋淋的細節）。

當我搞懂銷售的運作方式並開始在其中脫穎而出後，我的生活發生了翻天覆地的變化——無論是生活方式、自我形象、情緒、人際關係，甚至是未來，都徹底改變了。這一切的轉變，來自於我在銷售領域取得成功後，意識到再也沒有任何事情能阻擋我去追求想要的目標。我總能找出人們所面臨的困難，並為他們提供解決方案，藉此賺取收入。

在接下來的幾十年中，我運用做為一名銷售員所學到的經驗，打造自己的事業，成為一名講師、演說家以及創業家。我很幸運能與我最好的朋友之一——《富爸爸，窮爸爸》（*Rich Dad Poor Dad*）這本個人理財暢銷書的作者羅伯特．清崎（Robert Kiyosaki）一起踏上這段追求財務自由與商業成功的旅程。透過我們的合作，我做為最早期的「富爸爸顧問」之一，多年來與他的讀者分享我的銷售專業知識。我過去出版的兩本書《犬性思維——讓銷售變簡單》（*Sales Dogs*）和《富爸爸教你打造冠軍團隊》（*Team Code of Honor*）也是富爸爸顧問系列書籍的一部分。

這些年來，我憑藉著銷售技巧創辦了多家屬於自己的企業。如今，我經營著一家全球性的培訓機構，與來自二十個國家的夥伴合作。我們的使命是培養世界上最優秀的教師與領導者，目前，我的課程已經觸及了數十萬人。想了解更多資訊，請造訪BlairSinger.com。

每年我都會到世界各地幫助人們成為更好的領導者、打造冠軍團隊，並在公開演說中發揮更大的影響力。儘管這三者聽起來像是不同領域的培訓，但我發現它們其實有著共同的核心：這些正是優秀銷售人員所具備的特質。

領導者推銷的是他們的理念，說服人們認同他們的願景，並投入時間協助實現目標。領導者會讓團隊相信，他們是能夠團結大家並執行計畫的人。領導者還會「推銷」給團隊成員，讓每個人都相信自己具備卓越的潛力。

一位偉大的領導者可以改變世界。想想馬丁・路德・金恩博士（Martin Luther King Jr.）如何說服美國社會賦予黑人更多的權利，或是約翰・甘迺迪總統（John F、Kennedy）如何激發全國對登月計畫的熱情。

教師是我們人生中最早接觸到的領導者之一。優秀的教師本質上也是出色的銷售員。他們能說服你，讓你覺得他們所教的知識既重要又有趣。他們必須讓你專心聆聽，並在你忙亂的思緒中騰出空間來吸收這些知識，而不只是左耳進右耳出。這，其實也是一種銷售。

成功的銷售員是怎麼做到的呢？這本書將為你揭曉答案。我將多年來創建的所有銷售培訓，以及在世界各地滿座會場中傳授的內容，精煉成這本簡明易懂的銷售指南，幫助你掌握銷售的核心要點。內容以淺顯的語言編寫，任何人都能輕鬆理解。

我的目標是讓你能夠快速吸收這些銷售技巧，並立即付諸實踐，藉此提升你的收入與職涯發展。

聽起來不錯吧？那就讓我們繼續前進吧！

為什麼是《每一天的銷售策略》？

如前所述，我之前也寫過幾本書。那為什麼還要再寫一本？而且，為什麼是這一本？

我經常聽到讀過並喜歡《犬性思維——讓銷售變簡單》的人問我：「接下來呢？」那本書探討的是如何運用你的個人特質來進行銷售，這確實是一個引人入勝的主題，但它並不是一本教你「如何銷售」的操作指南。

在這本書中，我將自己多年的銷售經驗精煉成一個簡單易學的系統，從建立自信到成功成交，完整涵蓋了銷售的核心流程。

銷售有基本功，但還有更高階的「銷售忍者技巧」。為了幫助你將銷售能力提升到全新層次，我還整理了多年來不斷優化、最實用的高階銷售技巧。當你理解了銷售流程的基本步驟後，這些進階策略將幫助你從平庸邁向卓越。

接著，當你已經具備強大的銷售技能後，你還可以邁出下一步：善用這些技能來獲得升遷、晉升為領導者，或是成為一名成功的創業家。

撰寫這本書的另一個理由是：雖然我熱愛舉辦現場培訓課程，但要親自將我數十年來累積的銷售技巧傳授給全球所有渴望成為優秀銷售員的人，從體力上來說幾乎是不可能的事。我希望這本書能幫助更多人習得銷售技能，從而改變他們的人生，就像銷售曾經為我帶來的轉變一樣。

當今的時代也促使我寫下這本書，因為在這個越來越不確定的世界裡，銷售技能可以為你帶來職場上的安全感。我們大多數人都在努力跟上科技不斷改變工作環境的腳步，許多人擔心自己現在所做的工作未來是否還會存在，或者是否會被機器人取代。但有一件事是確定的：只要你懂得如何銷售，無論世界如何變化，你都會成為市場上的搶手人才。

市面上充斥著許多關於「如何銷售」的空洞說法，但這個世界並不需要另一本枯燥乏味、讓人昏昏欲睡的操作手冊。我是一個熱愛趣味的人，也希望你在閱讀《每一天的銷售策略》時能感到輕鬆愉快。這本書充滿了真實的銷售故事——包括那些不那麼光鮮亮麗的經歷——能幫助你理解如何在銷售流程中的每個階段取得成功。此外，我還特別加入了許多實用的話術範本，幫助你應對銷售人員每天都會遇到的典型挑戰。我希望這本指南能成為你在充滿挑戰的職場中導航的工具，並協助你實現渴望已久的成功。

這本書適合誰閱讀

在銷售領域我們學到一個重要的道理：客戶只在乎自己的問題。做為這本書的讀者，你一定會好奇，從這本書中可以獲得什麼，或者它是否真的能幫助到你。

以下是能從本書中受益的人群：

- 新的創業者或想成為創業家的人
- 正在踏入銷售領域的初學者
- 希望提升收入的資深銷售人員
- 想打造副業以便辭掉現有工作的族群
- 不想再擔心被裁員的網路行銷從業者
- 渴望擁有更多收入自主權的人
- 想運用銷售技巧晉升為領導者或邁向創業之路的銷售人員或銷售新手

還有另一種人特別適合閱讀這本書：那些總是擔心別人怎麼看待自己的人。這是一種與生俱來的恐懼，可能會阻礙你去追求理想的人生，甚至扼殺你的夢想。

若想成為成功的銷售人員，你必須克服這種恐懼。而若想達到財務自由，你就必須具備銷售的能力。當你擁有銷售能力時，你將能掌控自己的財務命運。

即使你最終在銷售方面只達到普通水準，但只要克服了在意他人眼光的恐懼，你依然能為自己開啟一個全新的世界。這將讓你在未來的人生中感到更加快樂與自在。

這就是我希望這本書能傳遞到每個人手中的最大原因。你值得成為自己人生的主人翁，無論別人怎麼看，你都應該擁有想要的生活。

如何使用這本書

如果你希望在銷售領域脫穎而出，有三個相互交疊的重要領域需要掌握：自我心態、銷售的基本步驟，以及強化執行這些步驟所需的銷售技巧。這本書的各個章節將逐一涵蓋這三個核心領域。

根據你的興趣，你可以選擇以下幾種不同的閱讀方式：

- 從頭到尾完整閱讀。
- 從你最想加強的領域開始閱讀。例如，如果你已具備一定的銷售經驗，可以從第八章〈打造你的銷售技巧〉開始，然後接著閱讀如何將銷售技能應用於晉升為領導者或創業者的章節。
- 依照每個銷售步驟結尾的指引，跳至第八章學習相關技能，再返回原章節繼續了解下一個銷售步驟。

為了幫助你更輕鬆地理解內容，在書中我們會跟隨一位年輕、渴望成為成功企業家的新手銷售員，記錄他在學習各種銷售技巧的成長旅程。隨著他的進步，你也會逐步掌握這些全新的銷售技能。

小技巧速查

對於喜歡快速吸收重點的讀者，我將一些關鍵概念與實用資源濃縮成簡短的小技巧，分為以下五種類型：

黃金法則（GOLDEN RULES）

這些簡單的公式將幫助你牢記核心銷售概念。

尋求協助（HELP WANTED）

在這裡，你會找到實用的資源連結，幫助你拓展銷售知識。

這樣說就對了（SAY IT LIKE THIS）

提供具體的話術建議，告訴你在特定銷售情境中應該如何表達。

亮點妙想（BRIGHT IDEA）

這些簡短的金句或觀察心得，能幫助你牢記重要觀念，隨時激發靈感。

熟能生巧（PRACTICE MAKES PERFECT）

這些練習活動將幫助你有效提升銷售技巧，從理論邁向實戰。

請留意書中這些能快速吸收的知識精華！

我希望這本書能成為你邁向高收入並獲得職場成就感的捷徑。如果我成功說服你繼續閱讀，那麼你打造精彩人生所需的銷售技能之旅，現在就正式啟程了。

學會銷售，能夠幫助你在未來的AI浪潮中立於不敗之地。

Chapter 1

「我想成為企業家！」

幾年前的某個冬日下午，我正坐在鳳凰城的居家辦公室裡，悠閒地準備一份銷售簡報，絲毫不知即將與我兒子柴克展開一場改變他人生的重要對話。

由於一連串的傷勢讓他無法繼續打美式足球，加上他對大學課業逐漸失去興趣，柴克一直在尋找人生的方向，輾轉嘗試不同的打工機會。他曾在奧斯汀擔任夜店保全，也在鳳凰城當過披薩烘焙師，但似乎都無法找到真正的熱情。幫助他找到人生的下一步，成了我心中揮之不去的念頭。

就在我一邊調整簡報投影片時，柴克突然衝進房間。他依舊穿著一貫的「標準服裝」——T恤搭配運動短褲，完全無視冬季的寒意。這位二十歲的瘦高兒子（足足有一百九十公分）隨意地坐進椅子裡，棕色雙眼閃爍著彷彿藏著什麼祕密的光芒，一隻膝蓋不自覺地上下抖動，他的精力似乎隨時準備爆發。

「爸！」他開口說道，「我已經做出決定了！」

「哦？」我好奇地問：「是什麼決定？」

「我想成為一名企業家！」

「有趣！那麼，為什麼你想成為企業家呢？」

「我一定要成為自己的老闆。我討厭替別人工作！我曾經為那些人工作過，他們全都是笨蛋。我才不要在一份無聊的工作上辛苦耕耘好幾年，才勉強往前一點。而且，當自己的老闆才是賺進百萬財富的唯一方法。」柴克滔滔不絕地說著。

我微微一笑，心裡想著那些曾經創業失敗的企業家們，但並沒有把這些想法說出口。

「聽起來我未來應該會有不錯的退休計畫囉。」我開玩笑地說。

「你可以教我怎麼成為企業家嗎？」柴克問道。他知道我成年後大部分時間都在經營自己的事業——我從夏威夷搬回洛杉磯後，創辦了一家空運貨運公司。之後，我擁有一家IT硬體設備的分銷公司，然後成立了企業培訓事業，現在則是一名教練兼顧問。

「如果你想成為一個成功的企業家，你知道第一步是什麼嗎？」我問他。

「有個很棒的商業點子？」他猜測道。「我覺得我好像有個不錯的想法……」

「不，不是這個。」我回答。「你首先要學會的，是如何銷售。」

柴克皺著眉頭看著我，疑惑地問：「為什麼？」

「因為這是你必須擁有的第一技能。」我告訴他，「無論你創立什麼事業，除非你懂得如何銷售你的產品或服務，否則它根本不可能成功。」

他沉思了一會兒。我知道他其實在尋找一條通往輕鬆人生的捷徑，而不是聽老爸告訴他還得學習一項新技能。不過，他似乎理解了我說的道理，決定接受這個挑戰。

「好吧，那你教我怎麼銷售吧！」柴克認真地說。

「我可以教你，」我回答，「但如果你在我指導的過程中，實際上真的在銷售某樣東西，理解起來會更容易。沒有比親自試著做銷售更有效的捷徑了，這樣你才能真正了解它是怎麼運作的。而且我知道你想立刻成為百萬富翁，對吧？你想要那台藍寶堅尼——」

「你知道的！」柴克打斷了我，語氣充滿自信。柴克完全是那種「香檳口味、啤酒預算」的經典代表。

「好吧，」我對他說，「去找一份銷售的工作，我會在旁邊指導你。」

柴克立刻從椅子上跳了起來，毫無疑問，他準備好打開 Indeed 求職網開始搜尋工作廣告。我伸手按住他的手臂。

「在你跑出去之前，柴克，我有個問題想問你。」

「什麼？」

「你覺得我為什麼要讓你從學習銷售開始？畢竟，如果你成為一位成功的創業者，你完全可以聘請銷售人員替你賣東西。但我卻希望你自己學會如何銷售。你知道為什麼嗎？」

「我不知道，為什麼？」

「銷售是你這輩子最重要的職場技能，」我回答。「讓我來解釋一下。」

為什麼要學習銷售？

當我和柴克繼續討論時，我拿起一本便條紙和一支鉛筆。「我希望你學會銷售，原因其實很簡單，」我對柴克說著。我在紙上迅速寫下幾個字，然後轉過來給他看：

黃金法則

銷售＝收入

我告訴柴克，銷售就是全球所有企業賺錢的方式。如果你不會銷售，那就別想成為自己的老闆。因為你根本沒有真正的事業存在，那就像是一艘無法前進的船，註定原地踏步。

身為企業家，當然還有許多其他很棒的技能值得學習，但銷售是最基本的入門門檻，沒有之一。

除了幫助你在創業路上取得成功之外，還有另外兩個重要原因，解釋了為什麼想擁有自己事業的人，應該學會如何銷售。

撐過經濟崩盤

二〇〇八年末，美國經濟陷入崩潰。房貸市場泡沫破裂，經濟瞬間陷入困境。大型企業紛紛倒閉，倖存下來的也不得不大規模裁員，失業率飆升。

你知道誰不必擔心被裁員嗎？那些擁有卓越銷售能力的人。

當經濟低迷時，公司可能會削減各種成本，但只要你擅長銷售，就永遠不愁找不到工作。

我繼續和柴克聊著這個話題。「當你像我這樣愛著自己的孩子，柴克，你絕對不希望看到他受苦，」我語重心長地說。「如果你成為一名優秀的銷售員，我就知道你永遠不會挨餓。這就是為什麼花時間學習銷售，絕對值得。」

「哇！」他驚訝地說，「原來這麼重要，聽起來蠻酷的耶。」

「優秀的銷售人才永遠都有市場需求，」我告訴他。「我知道你喜歡自由，喜歡掌握自己的人生。只要你成為頂尖的銷售員，這一切都會成真。只要公司知道你能帶來業績，他們會給你各種福利、高額佣金，甚至是優渥的薪水。而做為企業家，當然，你賣得越多，就賺得越多。」

「太棒了！這就是我想要的！」他興奮地說。「但你剛剛說學習銷售有兩個原因，另一個是什麼？」

人工智慧永遠無法取代的工作

「你有聽過 ChatGPT 嗎？」我問柴克。

「有啊，當然知道。有些學生好像拿來寫作業呢。」他回答。

「那可不太好，」我笑著說，「但重要的是，你要了解這背後發生了什麼事。科技已經進步到能打造出幾乎像人類一樣思考的程式。只要給人工智慧足夠的資訊，它可以處理很多簡單的任務——甚至有些並不簡單的工作也做得到。」

「現在已經有AI模型通過律師資格考試了，」我補充說，「它們能撰寫新聞稿，甚至開發應用程式。有些人開始擔心，未來許多現在人類擔任的工作，可能都會被AI取代。」

「你知道有什麼工作是AI永遠無法取代的嗎？」我問柴克。

「銷售？」他猜測。

「答對了，柴克！就是銷售！」我點頭說。「銷售牽涉到太多無法量化的細節，這些是AI永遠無法理解的。一個聊天機器人無法透過觀察客戶的表情來讀取他們的情緒，進而了解他們真正的動機。它也無法與客戶建立良好的關係，更別說創造出個人化的連結。」

「學會銷售，能夠幫助你在未來的AI浪潮中立於不敗之地。」

為什麼人們不願意銷售

大多數人不願意從事銷售工作的原因其實很簡單：恐懼。

銷售需要你每天都主動出擊，與客戶交談，並說服他們購買產品或服務。而現實是，很多客戶都會拒絕你。

多數人討厭主動和陌生人搭話，這種恐懼就像害怕在大眾面前演講一樣。有人甚至說，人們對公開演說的恐懼勝過對死亡的恐懼！所以，關鍵在於：你想要成功銷售的渴望，是否足以克服內心的恐懼。

當我把這些想法分享給柴克時，他若有所思地點點頭，然後說：「我不害怕，教我怎麼銷售吧！」

「不，不行，」我搖頭說，「首先，去找一份銷售的工作，然後我再指導你。」

「什麼意思？」他疑惑地問。

「你的第一個銷售任務，就是為自己找到一份工作。去向一家公司推銷自己，然後爭取被錄用。就把這當作你未來事業中銷售實戰的最佳練習。」

「好，我這就去辦！」柴克說著，飛快地衝出房間。

我迫不及待想知道他是否真的會付諸行動，找到一份銷售的工作。當時，我幾乎無法專心準備簡報，因為滿腦子都在想著他究竟會不會成功應徵到工作。

銷售其實就是在為客戶創造價值。人們總會面臨各種問題，而你所銷售的產品或服務，必須能夠解決他們的一個或多個問題。

Chapter 2

銷售基本原理

幾個星期後，柴克再次來到我的居家辦公室。

「我找到一份銷售工作了！」他興奮地宣布。「我在網路上看到一個銷售職缺，說可以很快升任銷售經理，年薪大約五～六萬美元。而且……他們錄取我了！」

我心想，這種「快速致富」的工作正好符合柴克一直以來追求的目標，這一點也不讓人意外。

「太棒了，柴克！那你在賣什麼產品？」

「瓶裝水！」他回答，「我會先在一個區域接受訓練，之後就會獨立負責那個區域的銷售。」他接著提到一個位於鳳凰城的勞工薪水階層社區。「我還經歷了兩輪面試才拿到這份工作呢！」

我費了好大力氣才沒把心裡的真實反應表現出來——賣瓶裝水給收入不高的人，明明他們打開水龍頭就有免費的飲用水？這恐怕不會太容易。

「柴克，你覺得賣瓶裝水會有多困難？」我問他。

「很簡單啊！」他信心滿滿地說。「他們有一整套完整的銷售系統，他們告訴我保證不會失敗！」

我心想：好啊，如果你真的相信這點，那我還有座橋可以賣給你呢！但還沒來得及開口談談這份工作可能多麼具有挑戰性，柴克就迫不及待地打斷我：「現在教我怎麼銷售吧！」

「好，你現在有一份銷售工作了，」我說，「那我們可以開始了。我們從最基礎的地方談起：『什麼是銷售？』你覺得銷售到底是什麼？」

「讓別人給我很多錢！」他笑著回答。

我努力控制自己不要露出太明顯的反應。冷靜，別翻白眼，冷靜……

「柴克，為什麼別人會想要給你很多錢呢？」我問。

「因為我值得啊！」他自信滿滿地回答。

「你覺得只要告訴別人『我值得』，他們就會心甘情願把錢給你嗎？如果你只是走過去跟他們說：『把錢給我。』這真的會有效嗎？那如果你來問我，叫我給你錢，通常會怎樣？」

柴克皺著眉頭，回答說：「你通常都會說不。」

「沒錯——而且我還是愛你的呢！但如果你想把產品或服務賣給陌生人，你就必須真正了解銷售的本質是什麼。讓我幫你把銷售的精髓簡化說明一下。」

幫助人們獲得他們想要的東西

銷售的本質就是找出人們想要什麼，然後幫助他們得到它。無論你銷售的是什麼產品或服務，首先都必須了解客戶的需求，然後再看你是否能將自己的產品或服務與這些需求相匹配。

換個角度來說，銷售其實就是在為客戶創造價值。人們總會面臨各種問題，而你所銷售的產品或服務，必須能夠解決他們的一個或多個問題。而能夠清楚說明產品的價值，以及它如何讓客戶受益，這就是一項核心的銷售技能。

人們通常會有三個基本需求：

1. 賺更多的錢
2. 省更多的錢
3. 對自己和生活方式感覺更好

換句話說，他們都有需要解決的問題。也許他們工作太辛苦，生活不夠便利，或者對自己的體重感到困擾。

我接著問柴克：「你的瓶裝水產品屬於哪一類需求？」

「嗯……應該是讓人感覺更好？」他思考著回答。

「完全正確！」我點頭說。「喝更高品質的水可以讓人感覺更健康、更有活力。而且，因為選擇了更優質的飲用水，他們的自我價值感也會有所提升。」

我看得出柴克正在思考，腦中似乎開始連結起來。

「對耶，我覺得有道理。」

「甚至，他們可能會因為身體變得更健康、自信心提升，而在工作中變得更有效率，賺到更多的錢，」我補充說，「你有沒有發現，這就是如何將你所銷售的瓶裝水，和客戶真正想要的東西連結起來？」

「嗯，懂了！」柴克開心地回應。

亮點妙想

永遠記住：銷售就是幫助人們獲得他們想要的東西。

做為一名銷售人員，你必須明白，人們不會因為覺得你值得賺錢而向你購買。你之所以能成功成交，是因為你說服了客戶，讓他們相信你所提供的產品或服務正是他們所需要的。

優秀的銷售人員深知如何喚醒客戶的渴望，並將自己的產品或服務呈現為能夠實現客戶需求的最佳解決方案。

銷售入門

「好啦，現在我已經知道什麼是銷售了，快開始吧！」柴克不耐煩地說，「教我怎麼銷售！」

「柴克，我覺得理解銷售流程的基礎，最簡單的方法就是透過一個小圖表來說明。」

我找了一個廢棄的信封，開始在上面潦草地畫了起來。我想讓他明白，銷售其實很簡單。你可以把銷售流程想像成一個倒三角形（見圖表一：銷售三角形）。

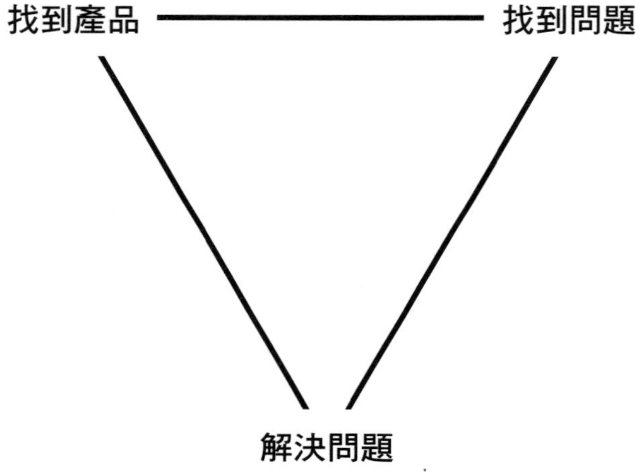

圖表一：銷售三角形

做為一名銷售人員，你可以從銷售三角形頂端的任一個角落開始進行銷售流程。我們先從左上角的頂點開始。假設你已經擁有一個可以銷售的東西：你找到了一個產品或服務，認為人們會願意購買。接著，你會橫向移動到右上角，思考誰有一個你的產品或服務可以解決的問題。換句話說，你需要找到適合這個產品的目標客群。最後，你將這個解決方案銷售給這些潛在客戶，幫助他們解決問題。

使用第二種方法時，你會從右上角的頂點「找到問題」開始。你可能聽到人們在談論他們的困擾，或者從新聞報導中得知社區內存在某個問題。這時，你會意識到自己已經找到了一群有著特定需求的潛在客群。

接下來，你會回到左上角，尋找一個可以解決這個問題的產品或服務。當你找到合適的解決方案後，就將它銷售給這些有需求的人。如此一來，你再次成功解決了一個問題。

無論你從哪個頂點開始，最終的目標都是相同的——只要你能夠將解決方案與真正需要它的人連結起來，你就具備了成功銷售的最佳條件。

「好吧，」柴克說，「所以，我的產品是直接送到家裡的高品質瓶裝水，我只需要找到那些需要這個解決方案的人，就能成功銷售，對吧？」

「大方向來說，沒錯，」我回答，「就是這麼回事。但你想不想賣出更多產品，賺到更多收入？」

「當然想啊！」柴克信心滿滿地說。

若要達到這個目標——成為一名超級成功的銷售員，你還需要了解更多細節。

銷售的三大核心要素

要成為頂尖的銷售員，你需要具備以下三個關鍵要素：

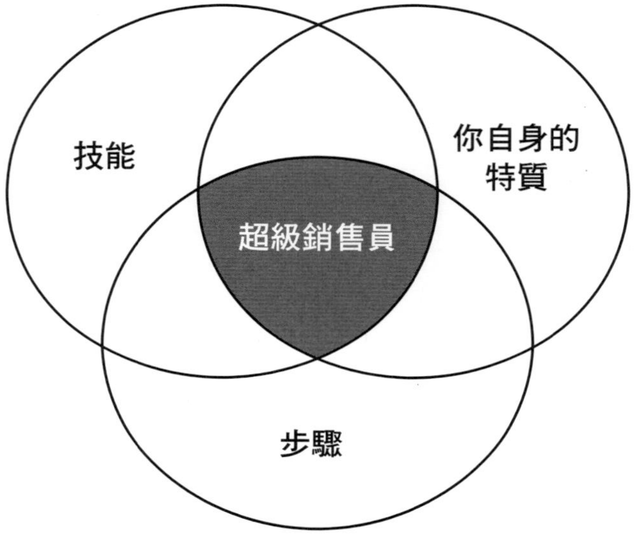

圖表二：銷售的三大核心要素

這三個要素相互結合，造就了一名卓越的銷售員（請參考圖表二：銷售的三大核心要素）。如果缺少其中任何一個要素，你就無法滿足達到超級成功銷售員的完整公式。

這三個關鍵要素分別是：

1. 掌握自己——克服內心的恐懼與自我懷疑。
2. 學習經過驗證的銷售步驟，讓你能夠理解整個流程。
3. 習得、練習並精進銷售技能，讓你能在每個步驟中脫穎而出。

我特意按照這個順序排列，因為如果你無法在銷售這場「心理戰」中取勝，無法帶著自信的態度面對挑戰，那麼成功幾乎是不可能的。

你可以學習銷售的每個步驟，你也可以掌握所有的技巧，學會頂尖銷售人員使用的方法。但如果你害怕行動，或是輕易被挫折打倒，最終還是會失敗。在銷售領域，這樣的心態將讓你難以維持穩定且良好的收入。

既然掌握自己的思維與情緒是最重要的第一步，接下來讓我們談談如何調整心態，並探討如何讓自己百分之百準備好，勇敢走出去進行銷售。

當客戶說「不」的那一刻，真正的銷售才剛剛開始——而我需要銷售的對象，正是我自己！我必須說服自己不要放棄，堅持下去。

Chapter 3

銷售「自己」

正如我和柴克討論過的，大多數人不願意嘗試銷售，是因為害怕將自己「暴露」在他人面前——他們害怕聽到「不」這個字。身為一名銷售人員，你會經常遇到拒絕，這正是許多人對銷售感到恐懼的主要原因。

銷售其實是一種公開表達的形式，而人們對公開演說的恐懼程度之高，甚至有研究指出，多達百分之七十五的人寧願選擇面對死亡，也不願在眾人面前發表演說！

要做好銷售工作，你需要擁有大量的自信心，而且這份自信必須堅不可摧。在我人生的第一份銷售工作中，就曾經面臨這個問題。接下來，我將分享當時我是如何克服這個挑戰的……

銷售的起點

當時我剛搬到夏威夷，急需賺錢維生。你可能知道，這個美國第五十州的生活成本相當高。我注意到，身邊那些從事銷售工作的朋友，不僅開著炫酷的車，還住在比我高級得多的住宅，於是，我決定開始應徵銷售相關的工作。

然而，在投遞了好幾份履歷卻沒有太大進展後，我來到了檀香山的博羅（Burroughs Corporation）設備公司辦公室。我之前看到他們正在徵求銷售代表的廣告。當我在前台詢問時，竟然意外獲得一個機會，當場與他們的銷售經理進行了面談。

「我們會錄用你，」他說，「但條件是這樣：你有六個星期的時間逐戶拜訪銷售，必須賣出價值一萬美元的桌上型計算機。如果做不到，就得離開。」

我愣住了，難以置信他一開始就給我這麼高的銷售目標。就在這時，他拿出一本厚達五公分的商業名錄，啪地一聲重重地放在桌上。

「這是當地的商業名錄，」他說，「拿著，從第一個區域開始跑吧！」

他隨即拾起桌上的文件，準備繼續他的一天工作，而我則呆坐在那裡，震驚得說不出話來。

「那……我不需要接受任何培訓嗎？」我終於鼓起勇氣問道。

「不用，」他冷冷回答，「如果你連這個任務都做不到，我們也不會浪費錢讓你飛回帕薩迪納參加公司的培訓課程。」

我愣了一會兒，心想自己連一套像樣的西裝都沒有，得趕緊找一套便宜的來應付這份工作。

「好吧，我會做到的。」我回答，拿起那本名錄朝門口走去。當我轉動門把準備離開時，突然注意到門旁掛著一塊標誌，上面寫著：

銷售的開始
是從客戶說「不」的那一刻開始

嗯，有趣。我心想。雖然當時我並不完全理解這句話的意思，但我還是記住了這塊小小的標誌。

找到一套五十美元的便宜西裝後，我帶著商業名錄，正式展開了拜訪行程。這也開啟了我無數次被公司辦公室拒絕的日子。真的很多次！還有我的自尊心，就像被丟進垃圾桶一樣，一次又一次地被踐踏。

在城市裡開車繞行，我找到了名錄上的第一家公司。一進門，我禮貌地說：「不好意思，請問我可以和經理談談嗎？」

「我們不喜歡推銷員！」前台接待冷冷地大喊，「滾出去！」

儘管遭遇拒絕，我並沒有氣餒，繼續前往名單上的下一家公司。這一次，我稍微調整了開場白，試著用更有活力的語氣說：「請問我可以和你們的辦公室經理談談嗎？」我滿臉笑容地問道。

「滾出去，Haole！」門口一位夏威夷當地人怒罵道。Haole 是夏威夷用來指稱白人的詞語，帶有貶義和種族歧視的意味，這無疑是一種不禮貌且具冒犯性的說法。

在經歷了四、五次類似的拒絕後，我心裡想：「這太荒謬了，明天應該會好一點吧！」於是我結束了這一天的拜訪，回到博羅公司的銷售辦公室，心想或許可以得到一些推銷技巧的建議。然而，銷售經理刻意忽視我，根本不打算幫忙。我在心裡默默立下誓言：「我一定會搞懂這一切，我一定要突破前台的阻礙，成功賣出計算機！」

畢竟，我真的很需要這份工作的收入。

在離開的路上，我再次看到了那塊標誌：「銷售的開始，是從客戶說『不』的那一刻開始。」

經歷了這殘酷的第一天後，我停下腳步，思考了更久，但我仍然不太明白這句話的真正含義。

第二天的情況幾乎和第一天一模一樣。經歷了五、六次陌生拜訪後，我依然被無情地辱罵和驅趕。心灰意冷的我開車來到火鶴咖啡館（Flamingo Café），點了一杯咖啡，想讓自己喘口氣。

我心想：「這樣下去根本不行，太殘酷了，我做不到。這份工作不適合我。」

我開始懷疑自己：「也許我根本不是當銷售員的料，我應該辭掉這份工作，去嘗試其他的事情。」

當我回到博羅公司的辦公室，準備把那本已經被我翻得破舊的商業名錄交還給銷售經理，並提出辭職時，我再次看到了那塊標誌：

銷售的開始
是從客戶說「不」的那一刻開始

這一次，我愣住了。腦海中突然靈光一閃。

我終於明白，銷售其實與客戶無關。當客戶說「不」的那一刻，真正的銷售才剛剛開始——而我需要銷售的對象，正是我自己！我必須說服自己不要放棄，堅持下去。我需要反思自己的個性，找到自己的優勢，並思考如何與潛在客戶建立連結，讓他們願意給我一個展示產品的機會。

這個領悟徹底改變了我的職業生涯。因為最重要的銷售，其實是說服自己。你必須先相信自己可以做到，才能真正成功。而且，當你被潛在客戶拒絕時（這種情況會一再發生），你必須找到內在的力量去堅持下去。不輕言放棄，是成為企業家的核心要素。

那一天，我沒有遞上辭呈。隔天，我重新出發，繼續進行更多的拜訪。

在那天的第一次拜訪中，我走進了一間辦公室，迎面而來的是昏暗的入口大廳。眼前是一個高大而具壓迫感的接待櫃台，背後是一面漆黑的牆，上面掛著公司標誌。一旁還有一塊黑色的窗簾，將辦公室內部遮掩起來，不讓外人窺探。

接待櫃台後方，隱約可以看到一位僅露出頭頂、年紀稍長、看起來嚴厲刻板的女士。她留著烏黑亮麗的「埃及艷后式髮型」，戴著大大的黑框眼鏡，臉上塗著厚厚的粉底，搭配鮮紅色的口紅，整個人散發出一種「這裡由我掌控」的強勢氣場。

「請問，年輕人，」她冷冷地說，從櫃台邊緣斜視著我，臉上露出一副嫌惡的表情，彷彿剛在咖啡裡發現一隻蟑螂。「你有預約嗎？」

我當然沒有預約。但就在那一刻，我做了一個決定。我保持冷靜，直接越過她，走進櫃台後方，掀開窗簾，然後把我的展示用計算機重重地放在第一張辦公桌上。

「誰想看個展示？」我大聲問道。

整個辦公室的人抬起頭，錯愕地看著我。

「什麼？」幾個人異口同聲地驚呼。其中一位看起來像是資深經理的人憤怒地喊道：「你給我滾出去！」

於是，我就這樣被趕了出來。但這次拜訪，對我來說卻是個重要的里程碑——我成功突破了「守門員」的防線！我在心裡安慰自己：「這算是進步了，不算太糟。我再試一次！」

接著，我繼續進行了大約六十多次陌生拜訪，但結果如何呢？我一台桌上型計算機都沒賣出去。

但那一天，我完成了人生中最重要的一筆交易：我成功「說服了自己」。經歷了這麼多次拜訪後，我突然意識到：我不再害怕了！別人怎麼看我、怎麼說我，根本不重要！我相信自己所做的事，我決定堅持下去，直到我賣出價值一萬美元的計算機，正式拿下這份工作。

終於，當我進行到大約第六十八次陌生拜訪時，一位經理抬起頭說：「好啊，給我們展示看看吧！」就在那一刻，我突然意識到：「糟糕，我根本不知道怎麼操作這台計算機！」結果當然不出所料，我又被趕了出去。但那一天，我感覺非常棒！因為這代表著我又邁進了一步——至少，我已經成功爭取到展示的機會了！回到博羅公司的辦公室後，我找到了一位親切的年輕技術人員溫蒂，請求她陪我一起外出進行銷售展示。雖然溫蒂不願意跟著我出差，但她很熱心地教我如何操作計算機。

就這樣，我終於掌握了產品知識，準備再次出發！

在調整好自己的心態後，沒過多久，我成功地在哈雷伊瓦（Haleiwa）的一間衝浪用品店，賣出了兩台計算機！而且，這還是店裡最昂貴的高階款！光是這兩筆交易，就幫我完成了一半的一萬美元銷售額目標。

最後，在檀香山的一個工業園區裡，我成功地賣出了五台計算機給一家大型貨運公司——卡姆快遞（Kam's Express）。當我推開門走進去時，全身散發著滿滿的正能量。環顧四周，我看到一位男子坐在高高的平台上，面前擺著一台計算機，而他的祕書則坐在旁邊。

他正在監督忙著記帳的約二十名女性員工，她們每人面前也都有一台計算機，整齊排列在幾排辦公桌上。

我心想：「哇，看看這麼多計算機！在這裡我輕輕鬆鬆就能賣出十台！」然而，那位主管從高處瞥了我一眼，臉上立刻露出厭惡的表情，然後直接把我趕了出去。

「我們這裡用的是 Victor 計算機，」那位主管帶著輕蔑的語氣說，「我才不會買你們博羅公司的垃圾！」

從那一刻起，這間辦公室成了我的「白鯨」——就像《白鯨記》裡那個執著的捕鯨人一樣，我無法停止思考在卡姆快遞拿下一筆大訂單的可能性。我多次回到那家公司，試圖再次推銷，但每次都被毫不留情地趕出去。然而，我刻意讓自己變成那位主管眼中的「麻煩人物」，希望能逐漸瓦解他的抗拒心理，讓他最終願意給我一個展示的機會。

最終，我說服了分公司經理麥克．布朗跟我一起去。麥克也是一位 Haole，來自俄明州的夏安市，身高足足有一百九十公分，看起來氣勢十足。

跟以往一樣，我沒有提前預約。我們直接走進辦公室，那位主管一看到我帶著「支援」回來，臉色瞬間大變，彷彿見到鬼一樣唰地變得慘白。

「好啦好啦！我買！我買六台計算機！」他慌張地說，「只要你們趕快離開這裡就行！」

就這樣，我終於獲得了前往帕薩迪納的機會，接受博羅公司的專業銷售培訓。這次，我要學習如何銷售一款價值超過二萬五千美元的迷你電腦，而且，這類產品的佣金也遠比計算機豐厚得多。

不過，更重要的收穫是：我學到了銷售的真正核心——在成功銷售任何東西之前，你必須先說服自己「我可以做到」。

「哇！」當我講完這段故事時，柴克驚呼道，「聽起來真的很艱辛耶！」

他自信地翹起二郎腿，身子往後靠，雙手枕在腦後，得意地說：「不過我覺得這對我來說應該沒什麼問題啦，賣瓶裝水應該輕鬆多了！」

我看著他，微微一笑地問道：「柴克，你覺得我當初為什麼要花那麼長的時間，經歷這麼多挫折，才能真正掌握銷售計算機的技巧呢？」

他皺起眉頭，思考了一下，回答：「我不知道耶！」

事實上，這與我們每個人都脫不了關係。我們在學校裡，其實被灌輸了許多「負面的思維模式」。而如果你想成為一名出色的銷售員，你必須先「忘掉」這些錯誤的觀念，重新學習。

為什麼學校是銷售的絆腳石

你可能會認為上學能為人生做好準備——或許在某些方面是這樣，但它絕對無法讓你為銷售做好準備。以下是我們大多數人在學校學到的一些重要課題：

・**犯錯是壞事**

當你在考試中犯錯時，成績會被扣分。沒有任何老師會說：「你答錯了，但我給你最高分，因為你在探索解題過程中展現了極具創意的思維！」相反，你常常會被認為是失敗者。

・**一切靠自己**

你在學校是否參加過小組作業，結果發現所有的工作最後都變成你一個人在完成，因為其他人根本不配合？沒錯，大多數情況下，你的成功全靠自己。

・只有「第一名」才值得被肯定

考試中只有一個最高分，賽跑中只有一面金牌。在學校，你必須成為第一名，否則就會被認為失敗。

・服從命令，按規則行事

在學校，你被教導要服從指令：坐在椅子上，想發言要先舉手，等鈴聲響了才能吃午餐，畫畫時必須在線條內上色。我們學會了服從規則，跟隨團體的步調。

不幸的是，如果你的目標是成為一名成功的銷售員（或企業家），這些課題全都是錯的。

解除學校思維的束縛

在銷售中，你需要學習的價值觀，往往與在學校所學到的恰恰相反。以下是銷售的關鍵課題：

・從錯誤中學習

銷售的成功通常來自於不斷的嘗試與試錯。透過實際行動並觀察結果，你才能真正學習並持續進步。錯誤越多，離成交就越近。每位客戶都是獨一無二的，這意味著你必須不斷嘗試新的銷售策略，才能找到適合的方法贏得客戶青睞。

・你是團隊的一員

即使你經常需要單獨出門拜訪客戶，銷售依然是一項團隊運動。通常，你會隸屬於一個為公司創造收入而努力的團隊。大家擁有共同的使命，沒有任何一個人能獨自完成百分之百的銷售業績。團隊成員會一起練習簡報、討論如何克服客戶的異議。當然，彼此之間可能會互相打趣，但這只是為了激勵彼此進步，激發競爭力，推動整個團隊創造更多銷售成果。與其孤軍奮戰，不如選擇合作共贏，這將更具生產力。

・可以有不只一個贏家

如果你在管理一個銷售團隊，你會希望每個團隊成員都能逐漸取得成功，而不是僅有一兩個人脫穎而出，其他人卻逐漸喪失動力或感到氣餒。每個人都需要貢獻，才能達成整體的銷售目標。也許這個月是某位團隊成員拿下最多銷售額，但下個月，可能換成另一位。擁有正確心態的團隊成員越多，團隊的活力就越強。團隊之間的良性競爭會產生一種積極的張力，促使每個人都不斷進步。

・你需要有創意

銷售人員必須具備洞察人心並與人互動的能力，並且要不斷想出新的方式來接觸客戶。如何服務不同需求和個性的客戶，並不是書本上能教會你的技能。相反地，你必須與其他團隊成員合作，集思廣益，不斷思考新的銷售策略。當然，你可能會使用銷售話術範本，但那只是參考用的輔助工具——面對客戶時，你無法照本宣科地唸台詞。

‧相信自己

你在學校上過「自信課」嗎？我沒有。但在銷售領域，你必須堅信自己可以做到，而不是僅僅按照別人的指示去行動。如果當年我只是乖乖聽話，照規矩做事，我永遠不會鼓起勇氣突破卡姆快遞的前台，並賣出價值五千美元的計算機。如果你想在銷售領域取得成功，你必須具備一點「不循規蹈矩」的精神，還要擁有堅不可摧的自信，即使剛剛嘗試的銷售方法失敗了，你依然能夠勇敢嘗試新的策略。

隨著你學習銷售的技能和步驟，你將有機會培養出一些幾乎與主流文化背道而馳的性格特質。

剛剛你已經了解到，學校所教授的觀念通常無法幫助你提升銷售能力。而你的人生經驗或許也讓你認為銷售員只有一種典型形象——就是那種咄咄逼人的「二手車銷售員」類型。但事實並非如此。

在我多年指導銷售人員的經歷中，我發現其實銷售員大致可以分為五種類型，而且每一種類型都能以自己獨特的方式在銷售領域大放異彩。

「咦？」柴克好奇地說，「你覺得我是哪一種？」

我不太確定。所以，接下來我們來逐一了解這五種類型，找出答案吧！

五種類型的銷售員

理解不同類型的銷售員最簡單的方法，就是將他們想像成不同品種的狗。畢竟，狗是人類最忠誠的朋友，對吧？而且狗很忠心——不管你怎麼罵牠，牠總是會回到你身邊……就像一個優秀的銷售員一樣！不同的狗有不同的個性，銷售員也是如此。

許多個性內向的人常常認為自己不適合從事銷售工作。我曾經聽過有人對我說：「我又不是那種油腔滑調的人，銷售不適合我。」或者直截了當地說：「我不是那種『銷售型』的人。」

事實上，每個人都可以成為出色的銷售員，只要你能了解自己的個性，並善用與生俱來的銷售優勢。為了幫助你辨識自己的類型，以下是五種「銷售狗（Sales Dogs）」的分類：

（一）比特犬（PIT BULL）

比特犬個性強勢且無所畏懼，這類型的銷售員就像人們印象中那種死纏爛打的二手車推銷員，

直到你買單為止，絕不輕言放棄。他們具有兇猛的衝勁和堅韌不拔的毅力——一旦他們「咬住機會」，就絕不鬆口。

比特犬型銷售員的成功來自於超強的自信心與持續不懈的努力。然而，這種類型也有其「黑暗面」：他們往往過於咄咄逼人，缺乏圓滑的溝通技巧，有時甚至會因為不夠婉轉的言辭讓客戶感到反感，而且不太擅長擬定精密的銷售策略。

（二）黃金獵犬（GOLDEN RETRIEVER）

如果說比特犬專注於「完成交易」，那麼黃金獵犬則專注於「客戶服務」。他們願意做任何事來讓客戶感到滿意！他們深信：「給得越多，客戶越喜歡你；客戶越喜歡你，就會買得越多。」

黃金獵犬型的銷售員對比特犬那種強硬的銷售手法感到不可思議，他們更喜歡用溫暖、貼心的服務來贏得客戶的信任。他們總是隨時待命，手機永遠充滿電，以備不時之需，只要能提升客戶滿意度、增加回購率或獲得更多推薦的轉介，他們永遠樂在其中。

（三）貴賓犬（POODLE）

貴賓犬注重形象，擁有華麗的外表與自信的氣質，總能散發出一種奢華與成功的氛圍，吸引大量潛在客戶主動上門。他們是品味高雅、擅長人脈經營的社交高手，永遠走在潮流尖端，穿著時尚、開著酷炫的車子，用自身的魅力打造出強大的吸引力。

貴賓犬型銷售員善於利用自己獨特的個人魅力來吸引客戶，他們喜歡成為眾人矚目的焦點，並且擅長透過「社會認同效應」來影響潛在客戶的決策。華麗的形象與自信的光環不僅吸引了大量客戶，更讓他們能夠輕鬆創造可觀的收入。

（四）吉娃娃（CHIHUAHUA）

吉娃娃雖然體型嬌小，但千萬別小看牠們！這類型的銷售員精力充沛、頭腦聰明，並且是專業知識的狂熱研究者，對自己的產品瞭若指掌。如果你想知道某款科技產品的記憶體規格、技術細節或數據參數，吉娃娃型銷售員絕對能立刻給你一個滿意的答案。而且一旦興奮起來（基本上大部分時間都很興奮），他們可以滔滔不絕地聊個不停。

潛在客戶通常會被吉娃娃的熱情、智慧和豐富的知識庫所折服。對產品持懷疑態度的客戶，也會因為吉娃娃型銷售員提供的紮實證據與專業解說而心服口服，最終做出購買決定。

（五）巴吉度獵犬（BASSET HOUND）

巴吉度獵犬以忠誠和可靠著稱。他們看起來可能有點邋遢，稍微不修邊幅，與講究外表的貴賓犬形成鮮明對比，但可千萬別被外表給騙了。與精力旺盛的吉娃娃不同，巴吉度獵犬型銷售員擅長建立深厚的信任感與同理心，能夠讓客戶真誠地相信並依賴他們。

他們總是在尋找屬於自己的「骨頭」（機會），但同時也樂於接受任何「碎屑」（小單子），哪怕是微不足道的銷售機會。「討好客戶」是他們的專長，搭配那雙無辜又哀傷的眼神，往往能成功打動客戶的心，讓他們心甘情願地下單，達成更多銷售。

尋求協助

如果你對了解自己的銷售個性感興趣，可以參考我的著作：《犬性思維——讓銷售變簡單》，或直接前往 BlairSinger.com 進行個性測驗。無論你屬於哪種類型的銷售狗，只要了解自己的個性優勢，你就能成為出色的銷售員。

柴克的類型

當我向柴克解釋完五種類型的銷售狗後，我問他：「那麼，柴克，你覺得自己是哪種類型的銷售狗？」

「不太確定耶，」他說，「不過我覺得我滿有型的，對吧？我需要搭配對的鞋子、穿上酷炫的潮牌。所以……也許我是貴賓犬？」

「我覺得你應該是貴賓犬和比特犬的混合型，」我說。「如果你很想要某個東西，直到我答應買給你之前，你會問我幾次？」

「大概問個一百萬次吧，直到你受不了說好為止？」柴克笑著回答。

「對，這就是你身上『攻擊型』的特質，」我點頭說。「你用貴賓犬的時尚魅力吸引別人，然後再像比特犬一樣緊咬不放，直到他們答應你的要求。其實，很多人都是不同銷售狗類型的混合體，而我覺得你就是其中之一。」

柴克咧嘴一笑，說：「我覺得你說得對！」

事實上，每種類型的銷售狗都有自己的銷售風格，但不管屬於哪一種類型，都可以學會克服對銷售的恐懼。現在柴克已經找到一份銷售工作，並且確認了自己的銷售類型，接下來我們就來看看他在實戰中的表現吧！

1. 害怕被拒絕

2. 害怕出糗或丟臉

這兩種恐懼會成為阻礙銷售成功的重大障礙，不論你是哪種類型的銷售狗，都是如此。所以接下來，讓我們來學習如何克服這些恐懼。

當你取得成就時要立刻慶祝，將這份美好的回憶深植在大腦中。這不僅能即時提升你的心情，也會讓你日後更容易回想起這些正面經驗。

Chapter 4

克服對被拒絕的恐懼

優秀的銷售員把「被羞辱」當作早餐一樣輕鬆消化，然後繼續前進——這對他們來說根本不會造成壓力。他們的反應通常是這樣的：「沒關係，這次被拒絕反而很好，因為我從中學到了新東西。每一次『不』，其實都讓我更接近下一個『好』。」

那麼，害怕被拒絕是不是也阻礙了你？如果是的話，以下有十個實用技巧，可以幫助你打破對被拒絕的恐懼。

克服害怕被拒絕的十種方法

你要如何學會不再害怕被拒絕呢？幾十年來，我一直在教導銷售人員使用以下這十種有效的方法，幫助他們持續戰勝對被拒絕的恐懼。

（一）做好準備

降低被拒絕恐懼感的第一步，就是在每次銷售拜訪前做好準備。進行一些市場調查，了解你的潛在客戶。如果你是對企業進行銷售，就沒有藉口不去了解他們的背景。畢竟現在有網路，你可以輕鬆查閱他們的官方網站，快速獲取相關資訊。

即使你像柴克一樣，在新工作中進行的是逐戶推銷，你依然可以進行一些簡單的市場研究。例如：了解你負責區域內的人口統計資料；這裡的人平均收入是多少？居民多為單身、年輕夫妻，還是退休人士？在敲門之前，至少對即將面對的客戶有個基本認識。

事先做好功課，能大大提升你的自信心，因為你會更清楚如何針對不同客戶需求，調整銷售策略，並更有效地推銷你的解決方案。

（二）提問

當你與客戶交談時，首要任務就是讓對話持續進行，因為你絕不希望談話草草結束。如果對話戛然而止，客戶可能會覺得你沒有更多價值可以提供，然後要你離開辦公室，或在聚會上轉身離開，或是直接把家門關上。

銷售的核心之一，就是找出客戶真正的需求，而提問就是達成這個目標的關鍵技巧。當客戶猶豫不決、不願意向你購買時，別把這當作「被拒絕」，而應該視為一次寶貴的機會，開始進一步探索客戶的真實想法。

根據我的經驗，客戶第一次提出的拒絕理由往往不是真正的原因。那通常只是個煙霧彈——一個他們隨口說出來、試圖快速打發你的藉口。你的任務，就是不斷提問，深入挖掘背後的真相。為了讓對話持續下去，幾乎任何問題都可以派上用場，但如果你的問題能與客戶的回應高度相關，效果會更好。

當客戶向你提出問題時，你可能會感覺自己被逼到牆角，彷彿一束聚光燈直射在臉上。這種「被挑戰」的感覺會讓人感到不自在。但無論如何，千萬不要進入防禦模式！

如果你急於自我辯解，幾乎每次都會讓局面變得更糟。

請記住：客戶的感受是真實且合理的，因為那是屬於他們的「現實」。你不需要也不應該去否定或挑戰這種感受。這種你來我往的互動，其實就是所有銷售過程中常見的正常對話。

不需要感到焦慮，解決方法其實很簡單：再問一個問題。

提問可以讓你轉移壓力，將焦點從自己身上移開，重新放到客戶身上。因為在對話中，掌握提問主導權的人，往往才是擁有話語權的一方！

此外，提問還能為你爭取更多思考時間，讓你有機會思考自己的產品或服務有哪些優勢，能夠吸引這位客戶。

而且，你不必等到真正面對客戶時才開始思考要問哪些問題。只要進行一段時間的銷售工作，你就會發現，許多客戶經常會問類似的問題，而你也可以提前準備好一些反問的問題，以便深入了解客戶的需求，挖掘更多潛在的銷售機會。

亮點妙想

事先準備幾個能幫助你開啟或延續對話的問題，這能幫你減輕壓力，讓你更專注於與客戶建立良好的關係。當你準備好一個能啟動對話的問題時，就不需要自己一直講個不停，你只要放輕鬆、專心

—聆聽，並從客戶的回答中學習就好。

在銷售對話中，提問是如何發揮作用的？這裡有一個簡單的三步驟流程可以幫助你有效提問：

1.深呼吸。先讓自己冷靜下來，調整情緒。

2.回應客戶的意見。

例如可以說：「謝謝你的回饋。」

這樣能表達你的尊重，並且營造出友善的對話氛圍。

3.提出蒐集資訊的問題。

問一些能幫助你了解客戶需求的問題，開啟進一步的討論。

當客戶回答你的問題後，這個循環就會再次開始：再問一個問題，挖掘更多資訊。持續提問，直到你大致了解他們真正想要的是什麼，或他們真正的抗拒點到底是什麼。（關於如何克服客戶的真正異議，我們會在第六～八章深入探討銷售流程和必備技巧。）

在這個不斷提問和回答的過程中，你可能會突然發現自己已經放鬆，再也不會因為害怕被拒絕而感到緊張或卡住了。

（三）練習自我誇讚（但別在客戶面前！）

這是一個有趣的活動，可以幫助你重新訓練大腦，忽略負面想法。這個練習特別適合在你外出銷售前進行，因為它能讓你跳出舒適圈，並且同時調動你的思維、身體和聲音。這個練習最好和一個夥伴一起進行，試著找個人和你一起練習會更有效果。

熟能生巧

準備好來練習自我誇讚了嗎？

- 面對你的練習夥伴。
- 用三十秒的時間，大聲誇耀任何事情。
- 誇讚的內容可以完全是捏造的，例如：「我是全世界最厲害的高爾夫球手！」
- 盡情瘋狂！盡可能放大音量。
- 輪流進行，讓你的夥伴也來誇讚自己。

進階玩法：你可以嘗試進行一場「誰更大聲？」的比賽，雙方各用十五秒，看看誰的聲音更響亮、更有氣勢。

練習自我誇讚的意義是什麼？它能幫助你打破舊有的思維習慣。你可能習慣認為自己必須時時刻刻保持禮貌，戰戰兢兢地避免冒犯他人，或者覺得在推銷時太過強勢是不好的。而這個練習正是為了幫助你改變這種思維模式。當你大聲喊叫、自我誇讚時，你會發現——什麼壞事都沒發生。

在誇讚自己的過程中，你可能會感覺到胸口出現一種緊繃或不適感，那是你的身體試圖阻止你去誇讚自己並表現得外放。

這種感覺來自於你正在做一些超出自己慣常行為的事情。而這種「心理的緊張感」，正是你需要突破的障礙。

試著將這種緊張感想像成一個氣泡，你要不斷吹大它，直到它「砰！」地一聲破裂。或者把它當作脆弱的蛋殼，你的任務就是毫不猶豫地將它踩碎。一旦你親身體會到：「原來什麼壞事都不會發生。」並且發現自己不再害怕大聲表達或瘋狂展現，那麼，再也沒有人能阻止你前進。

當你不再戰戰兢兢、如履薄冰時，你在銷售上會變得更加有效率。

順帶一提，記住這只是一個練習。千萬不要在客戶面前這麼做！

（四）錨定過去的成功經驗

當你在銷售前無法激勵自己時，是時候回顧你過去的成功經驗。如果你只想着上一次銷售拜訪時，有人罵你是個廢物，心情難免會低落。當你對自己的能力缺乏信心時，銷售自然會變得更加困難。

當你感到缺乏動力時，試著回想你曾經表現最出色的一刻。我建議柴克回憶他在高中打美式足球時，帶領球隊贏得勝利的場景。或者回想他五歲時打樂樂棒球（Tee-ball）時，學會像冠軍一樣揮棒擊球的那份成就感。

想不到任何成功經驗？那就考慮打電話給一位滿意的老客戶。和曾經向你購買產品，並且有過良好體驗的客戶聊聊，絕對能有效提升你的能量，並提醒自己其實你很擅長銷售。

熟能生巧

當你回想過去的成功經驗來激勵自己時，盡可能用細節豐富這個畫面：想想當時你身在何處、發生了什麼事、有哪些人在場，以及你當時的感受。最理想的方式是，將這段回憶大聲說出來給你的練習夥伴聽。

大聲說出來不僅能喚醒這段記憶，還能讓它再次變得鮮活，幫助你重新找回當時的自信與能量。

一旦你在心中錨定了過去的成功經驗，你就已經準備好全力以赴，推銷你的產品或服務了。

（五）使用正向肯定語

如果你對正向肯定語不熟悉，它們其實就是一些用「現在式」大聲說出的正面自我陳述。這些語句能幫助你訓練大腦，以更積極正向的方式看待自己和自己的能力。

這樣說就對了

第一次接觸正向肯定語嗎？這裡有一些範例供你參考：

- 「我超擅長銷售！」
- 「我是個超棒的人！」
- 「我喜歡我自己！」
- 「我的能量無人能敵！」
- 「我堅持不懈！」
- 「這件事我一定做得到！」

你不需要每天都從零開始想正向肯定語。我自己就寫了大約五十條正向肯定語在小卡片上。想像一下，如果你每天一開始就用幾個正面的念頭開啟新的一天，會有多大的幫助。

你可以在任何地方、任何時間說出正向肯定語。它是一種經過時間驗證的建立自信的方法。

至於如何將正向肯定語融入日常生活，完全取決於你。我發現每天早上進行一次正向肯定練習非常有效。我有個朋友會把寫有正向肯定語的小卡片帶到工作場所，在一天中隨機找時間大聲朗讀，特別是在他覺得需要鼓勵自己的時候。找到適合你的方式，並將正向肯定語變成你的日常習慣。

如果你不確定什麼樣的語句算是好的正向肯定語，我可以教你。一個有效的正向肯定語具備三個「P」特質：

- 現在式（Present tense）
- 個人化（Personal）
- 正向（Positive）

參考上面的「這樣說就對了」小技巧，試著為自己寫一些正向肯定語吧！

這樣說就對了

正向肯定語是一個簡單的句子，用來強調你的一個正面特質或強項技能。你可以這樣開始：「我是＿＿＿＿」，然後在空格中填入一個正面的自我描述。

以下是一些範例：

- 「我是冠軍。」
- 「我是優秀的問題解決者。」
- 「我積極行動，讓事情成真！」
- 「我是無法被擊倒的！」

現在，輪到你試試看吧！

（六）慶祝每一次勝利

剛剛有什麼事情進展順利嗎？那就好好慶祝一下！

每當你取得一個小小的勝利時，你的大腦和身體都會產生積極的化學反應——例如釋放腦內啡，讓你感到愉悅和充滿信心。這正是延續好心情、鞏固成就感的最佳時機。

在你感覺良好的時候，試著創造一些「勝利記憶」，這些記憶能幫助你在進行自我誇讚練習時（參考第八十頁）再次喚起正面的情緒。關鍵在於：當你取得成就時要立刻慶祝，將這份美好的回憶深植在大腦中。這不僅能即時提升你的心情，也會讓你日後更容易回想起這些正面經驗。

成功完成一筆銷售了嗎？以下有兩個簡單快速的慶祝方式，你可以立刻實踐！

如果身邊有人，給他們一個擊掌，然後說：「你太棒了！」

握緊拳頭，大聲說：「太棒了！Yesssss！」

亮點妙想

你的大腦並不在乎勝利有多大。如果你開車時連續遇到三個綠燈，這也是一種勝利！只要在你周遭三十公里內發生了好事，就值得慶祝一下。

在銷售中，關鍵在於保持高昂且正向的能量。只要你帶著滿滿的正能量，再遇到對你的解決方案感興趣的潛在客戶，成交幾乎是必然的。

（七）走出你的腦袋

我們現在花太多時間坐著盯著電子設備看，而研究已經證明，這對心理健康並不好。例如，研究顯示，你花在社群媒體上的時間越多，越容易感到沮喪。

我們是四維存在的個體，擁有心理、情感、精神與身體四個層面。這也是為什麼當你需要提振士氣、擺脫銷售恐懼時，應該從椅子上站起來，開始活動身體！

動起來吧！趴在地上，做幾個伏地挺身。跳起來，來幾組開合跳。去附近散個步，或繞著街區慢跑一圈。

如果你是運動員，你一定知道流汗有助於擺脫負面情緒。運動能讓心跳加速、促進血液循環，幫助你從過度思考中解脫出來。這一點特別重要，尤其當你的大腦不斷灌輸負面想法時。

如果你和我當年在夏威夷面臨放棄的那個低潮一樣，運動絕對能幫你找回狀態。它確實幫助過我。將身體活動納入你的日常計畫，讓正面的思緒自然流動。

（八）角色扮演

在銷售對話中，是否有某個環節總是讓你卡住？或者，是否有一些常見的客戶問題，總讓你不知所措？如果是這樣，現在正是時候找個練習夥伴，針對這些難題進行角色扮演練習。

角色扮演是一種極佳的練習方式，能幫助你累積應對棘手問題的經驗。當你不斷練習、成功克服這些瓶頸後，你會帶著更強的自信心重新踏入銷售現場，因為你已經準備好面對各種挑戰。

擔心自己還沒完全記住產品的所有特點和優勢？那就和同事進行一場模擬對話，請他們隨機提問，測試你的反應能力。

另一個建議：你可以收集第八章〈打造你的銷售技巧〉中提到的五個最常見的客戶異議，然後針對每一個異議進行應對練習。在角色扮演的情境下，你會比面對真正客戶時更加放鬆，這也意味著你的大腦能更靈活地思考，不僅能想到更多解答，反應也會更有創意、更有效率。

或許有些問題或回應會讓你感到恐懼，甚至勾起你對出糗的擔憂，例如：

「你根本不知道自己在說什麼。」

不斷練習這個情境，直到你想出一個有效的反問或應對方式，能夠讓你的銷售對話重新回到正軌。如果有某個問題總是觸發你的負面情緒，導致你的大腦一片空白，無法立即回應，那就挑選這個問題來進行角色扮演練習。

準備好透過角色扮演來建立自信了嗎？以下是五個步驟的練習腳本，幫助你有效進行角色扮演。

1. 雙方各自寫下或思考五個具有挑戰性的客戶回應或問題。
2. 決定角色分配：一人扮演「客戶」，另一人扮演「銷售員」。
3. 由客戶先開始，說出具有挑戰性的評論或問題，例如：「你根本不知道自己在說什麼。」
4. 銷售員必須立即回應，不能有明顯的猶豫或停頓。如果銷售員表現出遲疑、慌張，或是卡住答不出來，客戶要立刻說「停」，然後馬上重複同樣的挑戰性問題。
5. 客戶持續重複這個挑戰，直到銷售員能夠冷靜自如地做出回應為止。

範例：

- 客戶：「你的產品太貴了。」
- 銷售員：「呃……」
- 客戶：「停！你的產品太貴了。」
- 銷售員：「我覺得……呃……！」
- 客戶：「停！你的產品太貴了。」
- 銷售員：「謝謝你的回饋。請問你是拿來跟什麼產品做比較呢？」
- 客戶：「太棒了！（擊掌）」

現在，交換角色重複這個練習，針對所有你常遇到的客戶異議進行練習，直到你們都成為銷售傳奇！

小提示：永遠記得先回應客戶的意見，然後再提出問題。

不斷進行角色扮演練習，能幫助你的大腦擺脫「無法迅速且恰當回應」的困境。每當你成功想出即時的回答，大腦就會建立新的思考通路，逐漸取代過去那種卡住不知所措的思維模式。很快地，你就能不假思索地做出反應，毫不遲疑地給出適當的回應。

在角色扮演中，你也能練習用反問來回應客戶的問題。這是一個學習如何重新掌控對話節奏，並將對話引導至你希望方向的絕佳機會。

保持銷售對話的活力至關重要，你不希望出現尷尬的沉默，就像廣播節目中最忌諱的「冷場（dead air）」一樣。角色扮演能幫助你訓練快速反應的能力，確保你隨時都有話可說，避免出現不自然的空白或冷場。透過不斷練習，你將可以本能地回應並承接任何客戶的問題，毫不遲疑。而這種能力，正是建立自信的關鍵。

我問柴克關於他的新工作：「柴克，你的主管有讓你做角色扮演練習嗎？」

「有啊。一開始我覺得那真的很蠢。」

「然後呢？」

「嗯，結果發現角色扮演其實比真正跟客戶對話還要難。」

「那這樣好嗎？」

「好啊，這超棒的。」

「我很高興聽到角色扮演讓你覺得有挑戰性。這就像你以前為了打美式足球而努力訓練一樣，對吧？訓練越辛苦，上場比賽就越輕鬆。」

「沒錯。」

（九）遠離唱反調的人

有些人擁有全力支持他們職涯選擇的家人和朋友，但並不是每個人都這麼幸運。對許多人來說，家人反而是最嚴厲的批評者。如果你身邊親近的人總是在打擊你的信心，我建議你在學習銷售技巧的過程中，選擇「遠距離愛他們」。

遺憾的是，當某些人聽到你正在取得成就時，他們不會為你感到高興，反而會因為自卑而覺得不舒服。然後，他們可能會試圖貶低你，讓你也感到沮喪，好讓自己心裡平衡一點。

如何判斷身邊的人是否須保持距離？如果你想在銷售領域保持自信，以下是一些常見的「不支持型回應」，以及你可以用來化解的回答方式。

情境一

你告訴親友：「我要開始從事銷售工作了。」

他們的回應可能是：「誰說你會做這個？」或者類似那種質疑你能力的話，帶著冷嘲熱諷的語氣。

你的回應可以是：「其實我現在確實不需要知道太多，因為公司會提供完整的培訓系統，到時候我就會知道該怎麼做了。」

情境二

你告訴朋友自己最近完成了一筆成功的銷售，但對方卻冷笑著說：「這有什麼了不起的？」

你的回應可以是：「我已經努力了好幾個月才達到這個銷售目標，現在達成了，薪水也跟著提高了。」

情境三

還有一種人，總是想要搶走你的光環，當你分享好消息時，他們會立刻說：「所以呢？我做得比你更厲害！」接著就開始誇耀自己的成就，完全忽視你的分享。

你的回應可以是：「那很好啊！很高興我們最近都有好事發生！」

小提示

將這些「唱反調」的挑戰視為練習機會，幫助你提升應對客戶異議的能力。畢竟，這些負面回應的本質，和銷售中的拒絕類似，都是可以藉由練習來強化自己心態的好機會。

做為一名銷售員，你每天都在做一件許多人無法做到的事，這本身就非常值得驕傲。如果你身邊的朋友或家人競爭心太強，或者過去習慣貶低你，那麼在你建立銷售自信的過程中，考慮不要和他們分享你的工作經歷。

如果他們問你工作進展如何，你可以給出中立且簡單的回應，例如：「一切都很好！」（因為銷售本來就很棒！）然後迅速轉換話題。只和那些真正支持你的人分享你的工作故事，這會幫助你維持積極的心態，繼續向前。

（十）跌倒了就再爬起來

做為一名銷售員，有些日子你會感覺狀態超好，每一通電話都談得很順利，銷售業績節節上升。成交的喜悅會激勵你繼續打更多電話，讓成功變得輕而易舉。

但也會有不那麼順利的日子，就像我當年在夏威夷初入銷售行業，陌生拜訪各家公司時，經常被人吼著：「給我滾出去！」

當你在銷售通話中被拒絕時，最重要的是千萬不要就此放棄，更不是丟下電話就決定今天到此為止。

相反地，你應該立刻再打一通銷售電話，接觸下一位潛在客戶。你要迅速「再爬上馬背」，繼續前行。

為什麼？因為你花越多時間去糾結剛剛那通失敗的銷售電話，心情只會越來越糟。你會在腦海裡不斷放大那次失敗，直到你開始相信：「我根本不會做銷售！」

接著，不知不覺中，你就會說服自己乾脆直接放棄。為了避免陷入這種負面循環，你需要立刻行動，迅速進入下一通銷售電話。不要給大腦太多時間去沉溺在失敗的情緒裡，因為真正的關鍵在於：繼續前進，才是最好的解藥。

亮點妙想

當你對自己感到沮喪時，挑戰自己走出去，隨機和十個陌生人聊聊你的產品或服務。把這當作一次練習建立關係、與人互動、傾聽以及展現親和力的絕佳機會。

如果你能跟這十個人交談，且沒有惹怒任何一個人，你的自信心自然會提升，幫助你意識到：其實你有能力銷售任何東西。

透過實踐這十種減少恐懼的策略，你將學會如何面對並克服自己對被拒絕的恐懼。而在這個過程中，你也會逐漸培養成為銷售冠軍所需的技能。

在我和柴克討論完這些策略後，我問他：「柴克，你覺得這十個克服被拒絕恐懼的方法如何？」

「挺不錯的，」他說，「但我不需要這些，因為我不害怕做銷售。」

「太棒了，柴克。那你什麼時候開始銷售？」我問。

「明天是我第一天開始銷售。」他回答。

「很好！記得跟我分享結果喔。」

亮點妙想

「時間就像是灌溉負面『小聲音』的肥料。」

如果你在一次銷售過程中開始懷疑自己的能力，那就趕快再進行下一次銷售。不要給那些負面或自我批判的念頭任何滋生的空間。

如果你想成為優秀的銷售員，你必須「轉換頻道」，把注意力從那些負面想法，調整到你的所有優勢與正面特質上。

Chapter 5

克服對出糗的恐懼

在柴克第一天開始外出拜訪、推銷瓶裝水時，我正在家裡透過視訊會議進行一場簡報。突然，我的手機亮了，是柴克打來的。我把手機調成靜音，但還是不斷看到柴克傳來的訊息。我記得當天早上他穿著西裝打著領帶，頂著鳳凰城炙熱的夏日太陽，準備挨家挨戶敲門推銷。我心裡不禁想著：「他現在怎麼樣了呢？」

嗡嗡嗡。訊息不斷跳出來，我心想：「他在想什麼？我快要忍不住想知道了！」

最終，我把參與簡報的人分到小組討論室，趕緊回撥給他。「怎麼了，柴克？」我問。

「我……做不到……這個。」他斷斷續續地回答。

「你在哪裡？」

「我在車裡。」

「發生什麼事了？」

「我需要辭掉這份工作。」

「為什麼？」

「我今天已經敲了九十扇門，九十！」

「有多少人開門？」

「大概二十個。」

「那有多少人買了你的水？」

「一個都沒有！」他沮喪地說，「我根本不適合做這個，太糟糕了。」

「我覺得這是個不錯的開始，」我對他說，「你能不能把這當成是很好的銷售練習？」

「我不知道。」他沮喪地回答。

我能感覺到這是個關鍵時刻，於是我說：「柴克，從車裡出來。」

「什麼？」

「現在！你有沒有站在車外？」電話那頭沉默了一下，然後我聽到車門猛然關上的聲音。

「有。」他終於回應。

「跟著我說：『我喜歡我自己！』」

「我說不出口。」

「你可以的，」我堅定地對他說，「說出來！」

「我喜歡我自己。」他有氣無力地說。

「大聲點，」我告訴他，「說大聲一點！『我喜歡我自己！』喊出來！」

「我喜歡我自己！」

在他大聲喊了三次之後，我能感覺到他的氣勢漸漸回來了。於是我接著說：「現在喊：『我相信我自己！』」

他又喊了五次，我能聽出他的能量在逐漸提升。我問他：「你叫什麼名字？」

「柴克！」

「再說一次！」

「柴克！」

「用力喊出來！」

「柴克！」

「太棒了！」我說，「現在，回去繼續拜訪，在賣出東西之前，別回來！再跳上那匹該死的馬，出發吧！」

我掛掉電話，回去繼續進行我的線上課程。但老實說，我滿腦子只想著柴克。

五分鐘過去，然後十分鐘，接著二十分鐘。終於，我收到一封簡訊：「我賣出一瓶了！」

當時我的課堂學員大概都在疑惑，為什麼我突然握緊拳頭、滿臉笑容，還小聲說著：「太棒了！」

二十分鐘後，另一封簡訊傳來：「又賣出一瓶！」再過十分鐘，又傳來一封，然後再一封。柴克那天總共成交了四筆！這不僅是公司新人創下的紀錄，更是柴克生命中的關鍵轉捩點。

再爬上馬背、堅持不懈，真的可以改變你的人生方向。就在幾乎想要放棄的那一刻，柴克完成了他人生中最重要的一次銷售——那就是「說服自己」。他從差點放棄的邊緣，成功逆轉，成為了一名銷售冠軍。

為什麼害怕出糗會阻礙我們的銷售？

幾週後的某個早晨，柴克穿著西裝，無精打采地走到早餐桌前。他悶悶不樂地對著一盤鬆餅發呆，於是我問他怎麼了。

「唉……我今天真的不想去上班！」他抱怨著，「我們有銷售會議，這週我的成績超爛，肯定超丟臉！」

「所以，你是在害怕出糗？」我問。

他一開始不太想承認，但最後還是說了出來：「大概是吧……如果我上一分鐘還像個銷售高手，結果下一分鐘就變成笨蛋，大家會怎麼看我？」

「別擔心，柴克，這不是只有你才會這樣。」我說，「害怕丟臉，可能是人類最古老的情緒之一。」

不僅如此，當人類感到害怕時，身體會立刻產生反應。我們大腦中負責本能反應的部分——杏仁核，也被稱為「爬蟲腦（lizard brain）」，會立刻接管思考。當這種本能啟動時，我們就會喪失理性思考的能力。這時，我們會心跳加速、身體緊繃，準備進入

「戰鬥或逃跑」的防禦狀態。

你一定聽過有人這麼說：「我丟臉到想找個地洞鑽進去！」這句話其實反映出我們對「出糗」的恐懼是多麼真實且強烈，即便丟臉並不會真的威脅到我們的生命安全。

我跟柴克分享了一個小祕密，而現在，我也要和你分享：阻礙大多數人致富、阻止他們獲得人生中想要東西的「頭號恐懼」，其實就是——害怕別人怎麼看自己。

害怕出糗是我們每個人都會面對的問題。幸運的是，透過適當的訓練，任何人都能學會克服它，而不必等上好幾年才能擺脫這種恐懼。

這種不害怕出糗的心態，是成為優秀銷售員的關鍵特質。當你接觸客戶時，你的注意力應該完全集中在挖掘他們的需求上，如果你的大腦正忙著擔心：「我會不會出糗？」那你就無法真正投入對話。

成功的銷售，來自於放鬆、自信與冷靜。

我們害怕出糗的五種形式

為了幫助你克服對出糗的恐懼，我們先來拆解「害怕出糗」可能會以哪些不同的形式出現。接著，我會分享如何克服這些恐懼的方法，讓你能夠更有自信地進行銷售。

害怕出糗通常可以分為五種基本類型：

1．害怕不知道該說什麼
2．害怕不被喜歡
3．害怕自己缺少某些條件
4．害怕自己有讓人反感的特質
5．害怕如果失敗，朋友會怎麼看你

現在，我們來逐一分析這些恐懼，並探討如何化解它們。

（一）我不知道該說什麼

我有時會把這種恐懼稱為「大腦和舌頭斷線現象」。你擔心客戶會問你一個問題，而你卻完全不知道該怎麼回答。你腦海中浮現出自己站在那裡結結巴巴、說不出話來的場景，就像一隻離開水的金魚，嘴巴絕望地一張一合，卻發不出任何聲音。而你只能無助地站在那裡，像是在現場慢慢「溺斃」。

人類討厭尷尬的沉默，這就是為什麼銷售員應該隨時準備幾個合適的回應，以便應對各種情境，避免對話陷入冷場。

這樣說就對了

以下是一些你可以使用的回應範例，幫助你填補對話中的空白，讓與客戶的交流順暢進行，同時爭取時間思考你的下一步。

- 「謝謝你的回饋。」
- 「好的，我理解……」
- 「可以多跟我說說這方面的細節嗎？」

試著想幾個你自己的回應方式。能讓客戶感覺被傾聽、並鼓勵他們提供更多資訊的開放式問題，永遠都是最有效的對話策略。

當我和柴克討論這個話題時，他對這個點子立刻產生了興趣。「我有時候跟女生聊天也會有這種感覺，」他笑著說，「到底她們想聽什麼？我應該講多少，還是應該多聽她們說？」

「現在你知道祕訣了吧。」我回答他。讓對話對象知道你有聽進去他們剛剛說的話，透過回應來反映這一點，接著，邀請對方進一步分享更多細節。這絕對不會出錯！

（二）客戶不會喜歡我

這種「害怕出糗」的情境，是指你擔心客戶會在第一印象中立刻對你產生反感，你害怕自己本質上就不適合這位客戶，覺得他們可能會直接拒絕與你互動。

也許你擔心女性客戶不想由男性銷售員服務。或者你是黑人，而客戶是亞裔，你害怕他們可能更希望由一位亞裔銷售員幫忙。可能你年紀較大，而客戶很年輕，你覺得自己不懂他們的流行用語，難以與他們建立連結。或者，你從小成長於一個總是有人告訴你「沒有人喜歡你」的環境，因此你早已習慣預設他人會對你產生反感。

不管是什麼原因，你害怕自己不是客戶想要的銷售員，覺得自己根本不是幫助他們的「對的人」，所以他們可能會直接敷衍你，甚至當場無視你或離開。你腦中已經開始想像，自己會因為這樣而感到羞辱或難堪。

你可以透過正向肯定語來破解這種恐懼，建立自信，讓自己真正相信——其實你是個受人喜愛、值得與人互動的人。回想一下那些真心喜歡你的朋友和家人，或者你曾經做過的一場備受好評的工作簡報，甚至是那些在職場上讚美你表現的同事。

熟能生巧

寫下一些能強化你「受人喜愛」的正向肯定語，這將幫助你對自己建立更強的自信。以下是一些例子：

・「我有燦爛的笑容！」
・「我可以和各種類型的人相處融洽。」
・「我是個很棒的傾聽者。」
・「我是個討人喜歡的人！」

運用你自己的經歷來打造適合你的肯定語，強調你的人際交往能力。每天重複這些肯定語，這將幫助你重新訓練大腦，讓自己牢記——你是個受人喜愛、能與人建立良好關係的人！

當這些肯定語深植於你的思維時，即使有客戶拒絕你，你也不會因此感到尷尬或難堪。更可能的情況是，你會輕鬆地想：「沒關係，不可能每次都成交，說不定那個人今天心情本來就不好。」

（三）我不夠——

這種類型的尷尬恐懼，來自於你想像自己存在某種不足。你可能認為所有成功的銷售員都必須擁有某些特質，但你覺得自己缺乏其中一項或多項，因此開始懷疑自己是否適合做銷售。

例如，你可能覺得自己不夠聰明、不夠漂亮、不夠富有、穿著不夠時尚，或是經驗不夠豐富，無法成為一名優秀的銷售員。總而言之，你覺得自己「不夠格」。這些想法，可能來自於你成長過程中，朋友或家人曾對你說過的話，它們不斷在你的腦海中形成一種負面的循環。

破解這類恐懼的方法，就是顛倒你的「不足」，把你認為的缺點，轉化為一種力量，並透過正向肯定語來強化自己。換句話說：

- 覺得自己不夠聰明？你的肯定語應該是：「我是個聰明絕頂的人！」
- 覺得自己太年輕？告訴自己：「我的成熟度遠超過我的年齡！」
- 剛剛被客戶拒絕？提醒自己：「這表示我又往找到真正需要我的客戶更進一步了！」

試著寫下一些肯定語，用全新的視角，來反駁你那些負面的信念。

（四）我是（我有某種負面特質）

這種類型的「害怕出糗」與上一種剛好相反。與其擔心自己「不夠好」，這次你擔心的是——自己本身的某些特質，可能會讓客戶排斥你。

例如，你可能覺得自己外表不夠吸引人，或者擔心自己的口氣不好、有體味，又或者，你害怕客戶會一眼看出你家境貧困，或你沒有完成學業。

和「我不夠好」的負面想法一樣，這種恐懼也能透過肯定語來改變。你可以創造出強化自己正面特質的肯定語，來消除這種對自我形象的焦慮。

以下是幾個範例：

- 擔心自己有體味？「我剛洗過澡，清新又乾淨！」
- 害怕自己的貧困背景？「我是正在培訓中的成功企業家！」
- 覺得自己長相不夠出色？「我的內在美正在閃耀，我是迷人的！」

熟能生巧

你認為自己有哪些負面特質？列出幾個，然後為每一個寫下一句肯定語來反駁它。

負面特質：　　肯定語：

負面特質：　　肯定語：

負面特質：　　肯定語：

把寫肯定語當作一個有趣的創意練習，不斷調整，直到你創造出真一正能引起共鳴、改善你思維的語句。

（五）害怕朋友怎麼看待你的失敗

「你怎麼看我，與我無關。」

——特瑞・科爾－惠特克（Terry Cole-Whittaker）

多年前，我聽到這句話，它深深烙印在我的腦海裡。特瑞是宗教科學聯合教會（United Church of Religious Science）的牧師，同時也是特瑞・科爾－惠特克傳道會（Terry Cole-Whittaker Ministries）的創辦人。她說得沒錯：別人怎麼看我們，根本不是我們該操心的事。真正重要的是——你是否喜歡自己。記住，過度在意別人怎麼看你，正是扼殺夢想與財富的「頭號殺手」。

戰戰兢兢地活著，擔心別人的眼光，只會阻礙你的銷售表現，並擊垮你的鬥志。更何況，大多數時候，你害怕客戶會怎麼看你，其實並不是他們真正的想法，而只是你腦海中的「小聲音」在胡思亂想，自己嚇自己。

當我和柴克討論這種恐懼時，他坦承自己有時候也會這樣想。於是我問他，「你想學個快速擺脫這種恐懼的方法嗎？」

「當然！怎麼做？」

「你可能不會喜歡這個方法，」我提醒他，「可能會讓你覺得不太自在。你確定要試試看嗎？」

「確定。」

「好，方法就是：練習變得『誇張』一點。」

「什麼？在客戶面前這樣做？」

「不，」我說，「我是說，練習變得誇張。」

「那該怎麼做？」

熟能生巧

擔心別人怎麼看你？這裡有幾個方法，幫助你透過「刻意誇張行為」來降低這種恐懼。

• 對著鏡子做各種搞笑的表情。
• 大聲對自己喊出讚美的話。
• 看一部喜劇電影，挑出其中最誇張的台詞，然後模仿角色的語氣和動作，把它完整演出來。
• 在公共場合大聲唱歌。

這個練習不是要你在別人面前變得瘋狂，而是幫助你克服對「別人怎麼看你」的過度在意。你練習的誇張行為越多，你在一般情境下就會顯得更有活力、更有趣，也更能投入與他人的互動。

如果你在與客戶交談時真的說錯話了，有一個很有效的方法：誠實面對！不要試圖掩飾、找藉口，或是撒謊，直接承認錯誤，然後繼續對話。

你會發現，當你刻意在練習時將自己的情緒與表達方式推向極端，在正常狀態下，你就會顯得更有熱情、更多趣味、更有魅力，而且絕對不會讓人覺得無聊！

屈服於恐懼＝更少的銷售機會

無論你的「害怕出糗」是以哪種形式出現，結果都一樣：這種恐懼會阻礙你的銷售表現。它讓你陷入一種公開受辱的感覺，而這正是我們最討厭的事情之一。事實上，當你仔細思考，你會發現「害怕出糗」和「害怕被拒絕」其實是密切相關的。

當你被拒絕或感到尷尬時，你腦海中的「小聲音」可能會開始作祟地說：「我真是個白癡。我一無是處。我根本不該活著——有人應該直接把我埋了，這樣我就不用再受苦了。」

但是，成功的銷售員不會讓這種「小聲音」控制他們的思維。他們已經學會如何關閉這種負面對話，相信自己，並保持積極心態。對他們來說，一個客戶拒絕他們，代表他們離找到「理想客戶」又更近一步，而那位客戶將會成為一次順利成交的機會。

希望你能運用第四章與第五章中分享的技巧，學會消除對「出糗」與「被拒絕」的恐懼。如果你想成為優秀的銷售員，你必須「轉換頻道」，把注意力從那些負面想法，調整到你的所有優勢與正面特質上。

讓你的自信成為你的指引

你在銷售上的成功程度，完全取決於你的心態與態度。你的銷售能力與你的習慣、思維模式以及行為息息相關。

亮點妙想

請記住：

- 你的銷售成果來自於你的行為。
- 你的行為來自於你的心態與態度。
- 你的心態與態度，則來自於你的過去習慣與環境影響。

在學校、在家庭中，你曾經接受的教育與影響，塑造了你現在的思維模式。如果你的思維並不夠積極，現在你已經知道該如何行動，來建立一種無與倫比的自信心態。

那麼，為什麼建立一個正面的自我形象如此重要？

「你的成就永遠不會超過你的自我認知。」

——麥克・紐頓（Mack Newton）

多年來，我發現這位武術冠軍的這句話屢屢獲得驗證，無論你的銷售技巧多麼精湛，如果你內心深處認為自己不值得在銷售領域取得成功，或者覺得自己做不到，那麼它就不會發生。

你的自尊心是你自我認知中最脆弱的部分。你到底有多喜歡自己？你能看著鏡子，對自己說「我喜歡我自己」，而且是真心的嗎？

這就是為什麼掌握「自己」是成為優秀銷售員的第一步。你剛剛學到的這些技巧之所以重要，是因為你需要提升自己的自我認知與價值感。即使每天只花幾分鐘進行這些練習，這個投資絕對值得。

隨著你的自信心建立，你的行為也會開始產生正向改變。當你的行為變得更加自信與積極，你展現給世界的態度也會改變，而這將直接提升你的銷售成績。這從來沒有失敗過。

現在，你已經知道如何在「心態戰」中獲勝，並相信自己。接下來，你將學習銷售的八大步驟。無論你是對企業銷售，還是面向個人客戶，無論是面對面銷售，還是在線上成交，銷售的過程其實都有一個相對可預測的模式。所以，現在讓我們一起來學習這些基本的銷售步驟吧！

尋找潛在客戶和合適的解決方案有很多不同的方法，但所有的方法最終都指向同一個目標——讓客戶願意考慮你的解決方案。

Chapter 6

成功銷售的關鍵步驟（第一部分）

銷售並不像許多人想的那麼複雜，它其實是一個簡單的八步驟流程，任何人都可以學習並遵循。而這一切的起點，就是找到那些擁有問題並且能藉由你的產品或服務解決的客戶。

銷售的縮寫法則

一個經典的銷售框架AIDA，它代表Attention（注意）、Interest（興趣）、Decision（決策）、Action（行動）。在電影《大亨遊戲》（Glengarry Glen Ross）中，亞歷・鮑德溫（Alec Baldwin）所飾演的冷酷無情的業務員布萊克就曾經講解過這個公式，（可在這裡觀看片段：www.youtube.com/watch?v=IAqYfpqcA_I）。

現在，讓我來為你拆解這個概念。首先，你必須吸引潛在客戶的「注意」。這個「注意力抓取器」可以是一則吸引人的線上廣告，讓他們停下滑動網頁的手指，也可以是一件擺在櫥窗裡的漂亮洋裝，讓路過的顧客停下腳步走進店內。不管你的方法是什麼，你都需要有一個「鉤子」，能夠讓潛在客戶停下來，關注你的產品或服務。

當你成功吸引了他們的注意後，接下來你需要讓他們對你的產品或服務產生

「興趣」。如果你的廣告成功吸引他們點擊，那麼廣告連結應該帶他們進入一個設計精良的著陸頁，這個頁面要詳細說明你的解決方案的優勢，並搭配滿意客戶的推薦見證。又或者，你的店員可以進一步解釋這件洋裝的特色，例如：「這件洋裝是可雙面穿的，還有口袋，百分之百採用有機回收棉製成，而且有四種穿搭方式！」

接下來，客戶必須做出購買決策。你的銷售提案或銷售頁面必須主動提出購買邀請，例如：「你準備好購買了嗎？這是不是正好符合你的需求？」

最後，潛在客戶必須採取行動，實際完成購買。為了促使他們做出這一步，你可以提供限時優惠，讓客戶意識到現在購買能帶來的額外好處。

然而，如果正在試穿洋裝的顧客，剛好被配偶催促要離開，這筆交易就泡湯了。如果線上購物的顧客準備結帳時發現購物車系統有問題，他們也可能會直接離開你的網站，轉而尋找其他選擇。在銷售流程的每個階段，都存在許多可能導致銷售失敗的「脫軌點」，而你的目標就是確保客戶順利走完完整的 AIDA 流程，成功成交。

一、找到需要你的潛在客戶

如果你想在銷售上獲得成功，最關鍵的問題是：「我的客戶是誰？」

這個問題必須不斷重複思考，因為隨著世界與經濟的變化，客戶的需求也會發生改變。請參考「疫情轉型（Pandemic Pivot）」的案例，看看這個概念如何實際運作。

疫情轉型

二〇二〇年三月，當 COVID-19 封鎖全球時，我接到了一通來自朋友羅伯特・清崎的電話。他邀請我去他家坐坐，我們住在鳳凰城附近，所以很方便見面。

那天，我們坐在他家後院，彼此問了一個關鍵問題：「我們現在的客戶是誰？」一夜之間，這個問題的答案已經完全改變了。

為了適應這個全新的世界局勢，我的事業必須進行重大調整，而羅伯特也不例外。在疫情爆發前，我所有的客戶都是親自飛到現場、參加我多天訓練課程的學員。但隨著疫情封鎖，這種實體訓練的方式幾乎在一夜之間完全消失。此外，我主要培訓的企業高階主管群體中，許多人因疫情失去工作，收入狀況變得不穩定。

在仔細分析這些新狀況後，我們意識到，我們必須轉向開發「線上直播」與「預錄課程」，這樣客戶就不需要親自旅行，而且價格能夠遠低於實體活動的費用。這樣的產品才符合當時市場的需求，讓客戶既能負擔得起，也能真正參與學習。此外，我們還必須重新制定行銷策略，來觸及更廣泛的受眾，而不僅限於傳統的企業客戶。

我們一致認為，羅伯特在這場轉型中已經搶得先機，因為他早已將他的招牌產品〈現金流遊戲〉（CashFlow Game）轉移到線上平台。他決定製作更多YouTube 影片來推廣這款遊戲，以及其他相關產品，以擴大市場影響力。

當我們從這場腦力激盪會議結束時，我們對於如何持續與客戶連結，並在疫情期間繼續提供價值，充滿了新的能量與信心。這次的商業調整，對我們的收入產生了極大的影響。

那些沒有不斷問自己：「我的客戶是誰？」並隨環境變化而調整的人，最終將失去銷售機會，甚至被市場淘汰。

你可能還記得我們之前談過的「銷售三角形」圖表，當時我們討論了如何入門銷售：

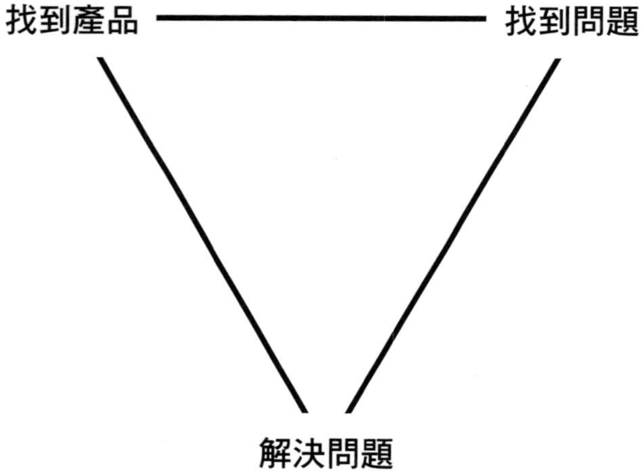

在這個模式下，你可以從兩個方向開始：

• 你已經擁有一個產品或服務，然後你需要找到合適的客戶，這些客戶需要你的解決方案。

- 或者，你可以先找到有特定問題的客戶，然後去尋找適合他們的解決方案。
- 不管從哪個方向開始，關鍵都很簡單：把解決方案與需要的人連結起來。

許多銷售員都是受雇於某家公司，他們銷售的就是公司提供的產品或服務。舉例來說，如果你在銷售豐田（Toyota）汽車，那麼你的工作就是幫進到你經銷商店面的客戶，從目前約二十五款車型中，找出最符合他需求的那一款。

但如果你是獨立銷售代表，自己開發銷售產品，那麼找到適合銷售的解決方案，則需要多做一些研究。這時候，網路會成為你的好幫手。現在有許多聯盟行銷（Affiliate Marketing）平台，例如 ShareASale 聯盟行銷平台（www.shareasale.com/info/）以及 ClickBank 聯盟行銷平台（www.clickbank.com/），這些平台彙整了大量產品與服務，所有廠商都提供銷售佣金。你可以在這些平台上一次性瀏覽多種產品，選擇適合你的銷售項目。另一個尋找銷售機會的方式，是參加貿易展，在這些展覽上，廠商會在攤位上展示各種最新產品與服務。

一旦你找到擁有良好銷售紀錄、可靠的解決方案，接下來，你就可以開始尋找合適的客群，將產品帶給需要的人。另一種方式——先找到客戶和他們的問題，再去尋找解決方案——可以透過多種方法進行。我認識一位住在西雅圖的銷售員，他透過偷聽上下班通勤時渡輪上的對話，獲得了許多人們真正面臨的問題與痛點的好點子。

另一個快速識別特定產業問題的方法，是查看該產業貿易展上的講座主題。看看這些展會已經公布的講座議題，這些主題通常就是該產業企業最迫切面臨的挑戰。

如果你希望了解全國性的重要問題，並找到適合銷售的大眾市場，你可以查看暢銷書排行榜上的非小說類書籍，這些書籍往往揭示了當下社會最關心的議題。

以下是一些近期的暢銷書例子：

- 《原子習慣》（*Atomic Habits*）——專注於生產力提升
- 《超預期壽命》（*Outlive*）——探討長壽與健康
- 《心靈的傷，身體會記住》（*The Body Keeps the Score*）——教導如何克服過去的心理創傷

選擇一個最能引起你共鳴的問題，然後在市場上找到強而有力的解決方案，接著，你就可以開始尋找適合的受眾來銷售這些解決方案了。

如你所見，尋找潛在客戶和合適的解決方案有很多不同的方法，但所有的方法最終都指向同一個目標——讓客戶願意考慮你的解決方案。

想要學習更多關於這個步驟的銷售技巧？請參考第八章〈打造你的銷售技巧〉。

二、接觸並建立連結

當你確定了潛在客戶，並找到可能解決他們問題的方案後，你需要找到一種方式來接觸他們，並開始建立信任與關係。你的客戶必須感覺到自己被看見、被理解，這樣他們才會願意與你進一步交流。

當然，在線上和面對面銷售的互動方式是不同的。我們先回到之前提到的實體服飾店案例，看看在面對面銷售情境中，銷售人員是如何接觸潛在客戶，並建立連結的。

你是否曾經逛過精品店，但刻意避開與店員待在同一區，就是為了避免與他們有任何接觸？這種行為其實是非常常見的購物模式。有些過於積極的銷售員，甚至被形容為「佣金味太重」，也就是說，他們對成交的渴望過於明顯，反而讓客戶感到不適，甚至被嚇跑。

這些銷售員往往會在客戶剛踏進店門的瞬間，就立刻湊上前來，並熱情地問道：「請問我能幫你找到什麼嗎？」

然而，許多客戶早已看穿這種銷售套路，心裡可能會這樣想：「喔，這個人只是想賣東西給我罷了。我沒這麼笨，才不會上當呢！我自己逛就好。」於是，他們可能迅速回應：「不用，我只是隨便看看。」甚至直接轉身離開。

這種「接觸」的嘗試，已經徹底失敗了。

最近，我與亞利桑那州斯科茨代爾（Scottsdale）老城區的一家珠寶店合作，這家店在櫥窗中擺放了最華麗、最引人注目的寶石，店員表示，這些吸睛的櫥窗展示幾乎為店內帶來了百分之百的客流量。然而，一旦客戶走進店裡，銷售員卻不知道接下來該如何應對。

「我們通常就只是讓他們自己在店裡逛。」店主告訴我。

這可是一個極大的銷售機會損失！於是，我建議店員改變開場方式，問客戶：「是哪一件櫥窗裡的珠寶吸引了你的目光？」

當客戶指出他們最喜歡的一件時，店員可以進一步詢問：「哦？是什麼吸引了你選擇這一款呢？」

這樣一來，對話便自然展開了！這就是成功的「接觸」與「建立連結」。在這個步驟中，目標是了解客戶的品味，這樣才能針對他們的喜好，推薦最適合的解決方案。

當然，客戶知道你最終還是會向他們推銷產品，現代消費者並不天真，早已習慣這種銷售過程。但關鍵在於，當你越是展現出關心他們的意見，你就更有可能留住他們的注意力，讓你有機會介紹產品，而不會讓他們感到壓迫或想要逃離。

如何透過社交活動建立連結

在社交活動中，如何有效接觸潛在客戶並建立連結，對許多人來說是一項挑戰。你只不過是一個站在滿是陌生人的房間裡的與會者，那麼，要怎麼樣才能讓人願意與你建立聯繫呢？

錯誤示範：讓對方逃之夭夭

許多想要拓展人脈的人會使用這種「失敗策略」：

「嗨，我是莘蒂，我從事某某行業，專門銷售XXX……」

通常，這類開場白會讓對方找藉口去拿飲料，然後一去不回。

成功示範：讓對方願意與你互動

試試看我的標準開場白：

「嗨，我是布萊爾。你在這裡認識誰？你是怎麼認識他的？」

這是一個毫無壓力的問題，任何人都能輕鬆回答，例如：「哦，我認識主辦人，我們是大學同學。我是和幾個老同學一起來的。」

接著，我會再問：「你是做什麼工作的？」

要成功與人建立連結，重點是讓對方開始談論自己，而不是一上來就把你的銷售內容砸到他們頭上。

你應該能夠從零開始，也就是看到對方站在房間裡，到與對方進入對話，了解他們的目標與需求，整個過程不超過兩分鐘。因為你沒有太多時間，如果對話無法快速抓住對方的興趣，他們很快就會失去耐心。你的目標是在短時間內收集足夠的資訊，讓你能夠提供價值，並判斷你的解決方案是否適合對方。

這種社交方式同樣適用於銷售商機，例如：安麗（Amway）或賀寶芙（Herbalife）這類直銷機會，因為在這些銷售模式中，你不僅要銷售產品，還需要招募更多人加入你的團隊，讓他們也能銷售產品並拓展品牌影響力。

這些直銷系統已經過多年測試與優化，他們的銷售流程已經找出最有效的方法。照著你的上線（Upline）教導你的方式去做，因為他們已經測試過無數次，清楚知道什麼方法最管用。

亮點妙想

另一種有效的社交拓展方法是：找一個認識你想接觸對象的人，請他幫忙介紹你們認識。

像 Business Network International（BNI，國際商業人脈組織）這類組織，早已驗證「三方介紹」的強大影響力。你可以透過共同認識的人引薦，來認識新的聯繫對象，這樣你就不必孤軍奮戰，從零開始接觸陌生人。

現在，你已經掌握了多種不同的社交拓展策略。選擇最適合你的方式，你就能透過正確的社交方法，輕鬆拓展人脈，並將這些關係轉化為更多的銷售機會。

線上建立連結

當你在線上銷售時，你並不會與潛在客戶面對面交流。這意味著，你必須更加努力地預測他們的需求。你需要透過市場調查來深入了解你的目標受眾，因為你的銷售方式是「單向傳遞」，你無法即時聽到對方的回應，來調整你的策略。

有時，你能夠理解你的客戶，因為你本身就是你的目標市場。你曾經面對一個問題，但找不到解決方案，後來你終於找到了答案，於是決定幫助更多跟你有相同困擾的人。你之所以能夠理解他們，是因為他們的需求與你相同。

「柴克，你覺得這世界上有沒有人跟你一樣，想變有錢、想賺大錢？」我問他。

「當然有啊！」柴克回答。

「那你覺得，他們的夢想會不會跟你的夢想類似？你明白了嗎？」

「哦，我懂了，」柴克笑了起來，「這下我真的明白該怎麼做了！」

如果你本身不是你的目標客戶，那麼你就需要找到真正的潛在客戶，詢問他們的需求，這樣你才能打造一個符合他們需求的數位銷售漏斗（Digital Sales Funnel）。

你需要問自己以下問題：

- 這位潛在客戶的願景是什麼？
- 他們的痛點、挫折、恐懼、希望和夢想是什麼？
- 他們想要什麼？為什麼想要？
- 是什麼阻礙了他們達成目標？
- 你如何引導他們克服這些障礙？
- 當他們成功時，會是什麼樣子？
- 他們要如何開始使用你的解決方案？

無論你是在發送行銷郵件、製作 YouTube 影片、為你的網站撰寫銷售頁面，或是設計 Facebook 廣告，你的訊息都必須吸引潛在客戶，讓他們有動力點擊並購買。

在這種情境下，你不是詢問客戶的需求，而是直接告訴對方他們的需求。或者，你可以在你的文案中提出假設性問題，讓客戶感覺你已經了解他們的痛點，例如：「你是否已經厭倦了拚命工作卻賺不到錢？」

透過市場調查，你已經知道客戶的問題有多迫切，也知道他們為什麼必須盡快解決這個問題。所以，你的行動號召（Call to Action）無論是「了解更多」或「立即購買」，都應該根據你對客戶需求的了解來設計，促使他們點擊。

線上銷售需要設計一條完整的客戶旅程。你要清楚地告訴客戶：

- 第一步他們會學到什麼，如何應用？
- 第二步又是什麼？接下來該怎麼做？

當你測試並優化過這套流程，你就能建立一個從頭到尾自動運行的數位銷售漏斗，透過線上行銷，自動引導潛在客戶完成購買決策。例如，你可以透過線上測驗來建立與客戶的聯繫。他們完成測驗後，系統會分析結果，並提供適合的解決方案，引導他們進入下一個步驟，讓他們更接近購買決策。

又或者，你可以邀請他們參加線上視訊會議直播或研討會，讓他們有機會提出問題，從單向的數位溝通變成雙向對話。透過這種方式，你不僅能夠與客戶建立更深入的個人連結，還能有效推動銷售成交。

在各種媒體上建立連結

無論是透過線上廣告、肢體動作，或是一個精心設計的現場提問，你都必須用能吸引潛在客戶與你互動的方式來接觸他們。當他們願意回應你，你就能夠進一步建立連結。

一個重要的提醒：

如果你要在線上銷售，你只有幾秒鐘的時間來吸引客戶的注意，否則他們就會立刻滑走，轉向其他貼文或內容。想想你自己滑手機時的習慣——你會迅速瀏覽社群媒體，直到某個內容抓住你的眼球，你的潛在客戶也是一樣的行為模式。

一旦他們對你的內容產生興趣，你就能進入下一個銷售步驟，讓他們更接近購買決策。

想學習更多這個步驟的銷售技巧嗎？請參考第八章〈打造你的銷售技巧〉。

三、傾聽

為什麼仔細傾聽潛在客戶的話這麼重要？因為你將利用他們告訴你的資訊來說服他們購買。他們正提供給你最原始、最有價值的素材，讓你能夠打造一個符合他們需求的銷售提案。

如果你正在銷售高價產品，例如數千美元的商品，那麼記錄下客戶說的話會是一個聰明的做法。你應該牢牢記住他們的每一句話，因為這些資訊將幫助你在後續的銷售簡報中建立有力的說服力（詳見步驟五，第一四八頁）。

當你以銷售員的身分接觸客戶時，你需要建立三個關鍵元素來推進銷售過程：親和力（Affinity）、共同現實（Shared Reality）、確認需求（Verification）。

（一）親和力

建立親和力的關鍵，在於找到你和客戶之間的共同點。透過「共同的話題」建立聯繫，能夠幫助你與客戶打造一個共享的現實感，讓接下來的對話變得更加順暢、有成效。

許多銷售員過於擔心自己是否夠「有趣」，但在銷售過程的這個階段，關鍵不是讓自己變得有趣，而是要讓自己變得「有興趣」。對客戶說的話展現出真正的興趣，並專注於他們的需求與想法。

銷售是一個「探索」的過程。你必須透過傾聽，深入了解客戶的問題，這樣才能為他們提供真正適合的解決方案。

熟能生巧

在與潛在客戶會面之前，準備一份有深度的提問清單，這些問題應該能夠幫助你深入了解客戶的痛點與需求，並讓他們提供有價值的資訊，幫助你精準匹配適合的解決方案。當你站在客戶面前時，你就已經做好充分準備，能夠順利引導對話。

（二）共同現實

要建立良好的關係，必須讓客戶感覺到你們有某種「共同的現實」。這意味著，你需要讓客戶看到你們之間有某些相似之處。可能你們來自同一個城市，可能你們都是狂熱的芝加哥熊隊（Chicago Bears）球迷，總之，必須找到一個共同點來建立連結。

從銷售的角度來看，這就是為什麼許多銷售員的「破冰對話」經常是這樣開始的：

「你是從哪裡來的？哦，克利夫蘭？我有個表親就住在那裡！」

然後，你可以進一步詢問當地的天氣、環境，或是其他相關話題，讓對話順利展開，進入一場自然、輕鬆的交流。

（三）確認需求

確認需求是你在對話中使用的關鍵技巧，用來回應客戶的話，並向他們確認你是否正確理解他們的需求。這個技巧的核心是「回應式總結」，你將客戶說過的話，重述給他們聽，並以問題的方式確認：

「所以，你的意思是，你目前企業面臨的一個重大問題是生產力低落，對嗎？」

當客戶聽到你準確重述他們的需求時，他們會感覺到自己被真正理解了，這將大幅提升他們對你的信任感。

當你把這三個技巧結合起來——親和力、共同現實、確認需求，你就會發現，認真傾聽客戶能夠帶來強大的銷售優勢。

在與潛在客戶交流時，幾乎沒有「問太多問題」這回事。資訊越多，你的銷售策略就能越精準。舉個例子，假設我是獨立銷售代表，我的工作是向運動零售店銷售多種品牌與產品。現在，我正在一場貿易展上，一位健身房老闆走進我的展位，開始翻閱我的產品資訊。這時，我該如何運用這些技巧來引導對話呢？接下來，讓我們來看看這場對話的進行方式。

我：「很高興認識你！請問你的主要客戶群是哪一類人？」

健身房老闆：「大部分是青少女。」

我：「她們最常從事的運動是什麼？」

健身房老闆：「體操。」

我：「啊哈，謝謝你提供這個細節！那麼，目前你們賣得最好的產品是什麼？」

健身房老闆：「我們目前最暢銷的是一款一萬美元的皮拉提斯家用健身器材，這款產品很受女孩們歡迎，因為它可以幫助她們在休賽期間維持體能。」

我：「這很有趣！那麼，你覺得未來的利潤增長點在哪裡？哪種產品能帶來更高的利潤？」

健身房老闆：「奇怪的是，一些小型家用健身器材的利潤率更高，但我一直找不到與這類產品廠商合作的好方案。」

我：「讓我幫你聯絡幾個人，看看能不能找到合適的供應方案。可以給我你的名片嗎？我想我能幫你找到一個不錯的合作計畫。」

簡單、自然的對話，能為銷售鋪路。

讓對話持續進行

正如你所見，沒有「問太多問題」這回事。你應該問足夠多的問題，並仔細傾聽客戶的回答，直到你能夠確定最適合推薦給這位客戶的產品或解決方案。這就是深入挖掘客戶需求的關鍵。

此外，提問的另一個好處是，它能延長對話時間。交談的時間越長，你與客戶之間的關係就會越穩固。而當客戶確實有一個你能夠解決的需求時，你成功銷售的機率就會大大提高。

人們更願意向那些真正理解自己需求的人購買產品。這就是銷售成功的關鍵。

如果你能夠學會專心傾聽他人，這將成為你的一個強大武器。因為大多數人並不擅長真正地傾聽。

「說話的反面，不是傾聽，而是等待。」
——弗蘭．利波維茲（Fran Lebowitz）

幽默作家弗蘭．利波維茲精準地點出了這個問題，大多數人並不是真的在聆聽對方說的話，他們只是在等待對方停頓，好讓自己能夠繼續開口。但優秀的銷售員不會只是等待發言的機會，優秀的銷售員是優秀的聆聽者。

黃金法則

人們願意向他們信任的人購買產品。但如何獲得客戶的信任？記住這個公式：

理解＝建立融洽關係＝建立信任

建立信任的第一步，就是成為一個能夠真正傾聽的銷售員，讓客戶感受到被理解，從而建立融洽的關係，最終獲得他們的信任。

「傾聽」在線上銷售中的應用

當你進行數位銷售時，傾聽客戶的方式有所不同。這裡的「傾聽」，其實是指篩選出合適的客戶，然後提供他們真正需要的解決方案。讓我舉一個成功的市場營銷案例來說明這個概念。

我有一位朋友專門為美髮沙龍提供解決方案。他最初的課程定位是：「如何打造年營收一百萬美元的沙龍」，並透過社群媒體行銷來吸引客戶。他在廣告中這樣寫：「想把你的沙龍年營收從十萬提升到一百萬美元？點擊這裡！」這個策略確實帶來了一些收入，但他的銷售量並沒有達到預期。

後來，他進行了更深入的市場研究，結果發現，大約百分之七十五的現有客戶，其實已經擁有一百萬美元營收的沙龍。這意味著「達到一百萬」並不是他們真正的問題！大多數沙龍老闆的主要困境，其實是「如何突破一百萬營收的瓶頸」，以及「如何減少工時，同時增加收入」。

掌握這些新洞察後，他立刻調整了行銷策略與廣告內容。新的廣告訊息變成：「你的沙龍已經年收一百萬，但覺得遇到了瓶頸，還在為提升業績而超時工作嗎？點擊這裡。」

點擊後，客戶會進入一個簡短的線上問卷（約四～五個問題），例如：

- 你的沙龍開業多久了？
- 你目前遇到的最大挑戰是什麼？
- 你的主要困擾是資金流、員工流動率、缺乏優質美妝產品，還是個人信心不足？

根據客戶在測驗中的回答，他們會收到一份免費的「解決方案摘要」，這份文件提供了一些高層級的建議，雖然無法完全解決問題，但足以展現他的專業能力，讓客戶對他的服務產生興趣。

由於這是一個高單價的商業教練課程，他的下一步行動是邀請這些潛在客戶參加付費線上研討會。他會個別發送訊息給客戶：

「嗨，（客戶姓名），本週我將舉辦一場專門解決你提到的問題的線上研討會。參加費用是十美元——我們收費是因為只想邀請真正有興趣提升沙龍業務的人。你想參加嗎？」

這種邀請方式，搭配少量的費用，能讓這場研討會顯得更有「專屬感」，讓客戶覺得如果錯過這個機會，可能會非常可惜。一旦客戶報名，他在研討會中就有整整一小時的時間，與潛在客戶建立更深層的連結，回答他們的問題，並且向他們介紹自己的高端課程，進一步推動銷售轉換。

結果？他的課程重新定位後，銷售量爆增，大量沙龍老闆購買了他的課程，因為他提供的內容剛好能幫助他們突破瓶頸、減少工時、提高收入。關鍵？他調整了銷售策略，讓自己的產品真正符合客戶最迫切的需求。

當你在線上研討會進行銷售時，關鍵在於展現熱情、興奮感，並表現出你對客戶困境的真誠關心。就像其他類型的銷售一樣，你需要找出潛在客戶真正想要的東西，以及阻礙他們達成目標的障礙。然後，你可以為他們規劃一條清晰的道路，幫助他們克服障礙，邁向成功。

你可以思考：

- 成功的客戶是什麼樣子？
- 過去有哪些客戶透過你的幫助達到了成功？
- 你是如何讓這些成功發生的？

請記住，銷售並不是一次性的交易，除非你是在機場兌換外幣，否則你真正賺大錢的方法，是讓客戶一次又一次地向你購買，並且願意向他們的朋友推薦你。

「深入傾聽」是建立長期客戶關係的核心。只有透過真正的傾聽，你才能成功完成銷售的下一個步驟：辨識客戶的需求，並確定他們願意為解決方案支付多少費用。

想學習更多這個步驟的銷售技巧嗎？請參考第八章〈打造你的銷售技巧〉。

四、辨識客戶的需求、渴望與預算

當你與潛在客戶建立了信任與融洽關係後，你就能夠透過詢問問題，深入了解客戶的真正問題。接下來，你需要再進一步確認他們的問題有多緊迫。

這個問題對他們來說，是「非解決不可」，還是「可有可無」？

這是一個關鍵資訊，因為這將直接影響客戶願意為解決方案支付的金額。

如何確認客戶願意花多少錢？

其中一個最簡單的方法，就是直接詢問：

「我認為我們有幾種解決方案可能適合你。請問你的預算是多少？」

當然，不是每位客戶都會直接告訴你一個確切數字，但有些客戶會給你一個大致的範圍，這將幫助你更有效地推薦適合他們的解決方案。

確認預算的關鍵技巧：先展現價值，再詢問預算。要判斷客戶的預算，關鍵在於先讓他們理解你的解決方案的價值，然後詢問這對他們來說值多少錢。

舉個例子，假設有一位潛在客戶對「生活型企業（Lifestyle Business）教練課程」感興趣，他說：「我真的很想辭掉工作，靠被動收入過生活。」

銷售員可以這樣回應：「這是一個很棒的目標！你希望多快實現這個目標？」

「大概在接下來幾年內。」客戶回答。

這個答案透露出一個關鍵資訊：這不是一個「當務之急」，而是一個「未來想要實現的願景」。

當銷售員意識到這點後，他的銷售策略應該轉向較低門檻的入門方案，例如：

「好的，這聽起來很棒！你心裡有沒有一個理想的被動收入數字？當然，你不需要告訴我確切的數字，但如果要實現你理想的生活方式，你願不願意花二百美元來開始規劃一個能幫助你達成目標的商業計畫？」

對於真正認真想建立被動收入的人來說，這二百美元的花費並不算高，畢竟，這筆投資可能幫助他們日後完全脫離工作、實現財務自由。

這個案例的關鍵在於，銷售員透過詢問問題，判斷了這是一個「長期目標」，而非「緊急需求」。因此，他選擇推廣一個較低門檻的入門方案，先讓客戶踏入門檻，並期望日後能將他們轉換成購買更高價值的高端教練課程。

如果客戶的回答是：「我想在六個月內辭職，靠被動收入生活」，那麼銷售員應該誠實告知，這樣的計畫恐怕不太現實。

然而，如果潛在客戶表示，他希望在未來五年內，每年額外賺取一～二萬美元的被動收入，那麼銷售員就可以直接推薦一個價值二萬美元的高端課程。畢竟，如果他的目標是在五年內賺取一萬美元的被動收入，那麼現在投資二萬美元，第一年回收百分之百，五年內獲得五倍的回報，這樣的投資回報率（ROI）是非常有吸引力的。

這種傾聽的深度非常重要，因為它能幫助你更清楚地了解，該向客戶銷售什麼。

「柴克，你知道為什麼每次你試圖說服我買東西，我通常都會說『不』嗎？」我問他。

「不知道，為什麼？」

「因為你總是告訴我，為什麼我應該做你想要的事，而不是問我，我真正想要的是什麼。」

「好吧，那你不覺得，按摩椅可以減輕你的壓力，讓你在辛苦運動後感覺更舒服嗎？」柴克說。

我笑了笑，「這確實比剛剛好一些，柴克，但你的說服方式還是需要再改進。」

黃金法則

記住：銷售不是「告訴」，而是「引導」。一直對客戶說話，可能會讓他們覺得無聊或惱火，甚至想要結束對話。相反地，回應客戶的問題能夠讓他們保持參與感，並讓他們願意繼續對話。

當你已經確定了客戶的需求、渴望與預算，你就準備好進入關鍵時刻——提出你的銷售方案。接下來，我們將進入銷售的最後四個步驟，幫助你學習如何成功地推銷你的解決方案。

想學習更多這個步驟的銷售技巧嗎？請參考第八章〈打造你的銷售技巧〉。

一個重要提醒：誠實至上！千萬不要假裝產品有限，或虛構一個不存在的限時優惠！

Chapter 7

成功銷售的關鍵步驟（第二部分）

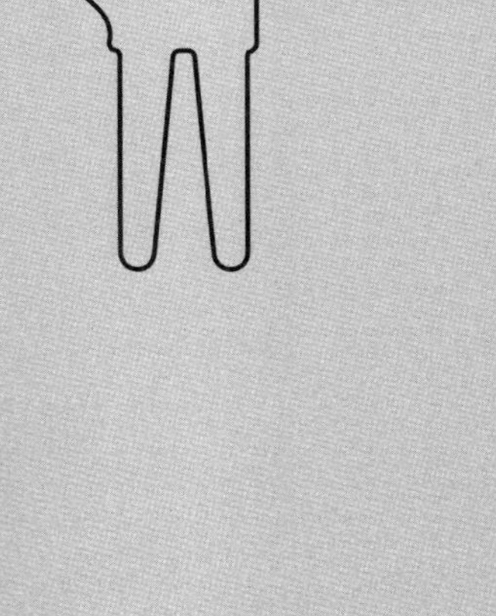

你的資訊收集階段已經結束。你已經建立了強大的客戶連結，並且確定了他們的需求、渴望與預算。現在，是時候向客戶提出你的解決方案，並試圖完成銷售。

五、透過對話提供解決方案

你的解決方案呈現方式，會根據不同的銷售環境而有所不同。例如，如果你在推廣網路行銷機會，你的銷售方式會是一個簡單的計畫，告訴你的潛在客戶如何輕鬆建立一個能夠產生被動收入的銷售網絡。最常見的方法是邀請他們參加一場說明會，讓更有經驗的講者為他們展示完整的成功計畫。

如果你的聽眾不只是一位潛在客戶，而是一群人，那麼你需要使用更具結構性的演示方式，這點在即將到來的「保持對話進行」的小節中會有更詳細的說明。如果你是企業家，正在向投資人推銷，那麼你會準備一份精心設計的「投資簡報」，其中包含大量的圖片與數據，來解釋你的公司所提供的商業機會。如果你是在銷售線上課程，那麼你可能會在你的網站上設置一個銷售頁面，詳細說明課程的所有功能與優勢，這樣客戶只需要閱讀完課程內容後，點擊「立即註冊」，就能完成購買。

現在，讓我們回到服飾店的場景。在與客戶的對話中，你可能已經詢問了他們需要哪種類型的洋裝。如果客戶表示他們需要一件適合參加會議的洋裝，你可以為他們推薦幾個選擇，並展示一些配件，讓這件洋裝既適合正式商務會議，又能在晚上的雞尾酒派對中穿著，例如：搭配絲巾和珠寶，將這些額外的商品納入購買中。

推薦見證的力量

無論你使用哪種銷售呈現方式，客戶見證都是一種強大的工具，能夠大幅提升成交率。在線上銷售頁面上，通常會展示來自過往滿意客戶的推薦見證。我自己有時會主動聯絡曾經合作過的客戶，請他們提供推薦見證，然後將這些見證製作成簡報投影片，在我面對面的銷售培訓課程中展示給潛在客戶。

舉個例子，我曾與一家歐洲大型保險公司合作，他們參加了我為期兩天的銷售培訓，結果在十八個月內，銷售額從六億美元增長到十六億美元！當我向其他大型企業推銷我的銷售培訓服務時，我會在簡報中加入這項成功案例，讓潛在客戶看到我的培訓確實能夠帶來實質成果。

「柴克，你覺得這是一個好的推薦見證嗎？」

「當然！」柴克回答。

「為什麼？」

「因為這證明了你的方法真的有效！」

「沒錯！你完全抓到重點了。」

當潛在客戶看到來自與他們背景相似的客戶見證時，這會產生極大的影響力。這種社會認同能讓他們對這筆購買決策更有信心，讓他們相信這將會是一項值得的投資。

準備推薦見證

製作有效的客戶推薦見證，需要收集幾個關鍵資訊，並且獲得客戶的許可，允許你使用他們的見證內容。

以下的清單整理了製作推薦見證的完整步驟，確保你擁有所有必要的資訊與授權。

推薦見證內容：

√ 企業名稱與受訪者姓名
√ 企業所屬行業
√ 你為他們提供的產品或服務
√ 他們在使用你的產品或服務前的情況
- 數據（銷售額、客戶數量、影響範圍）

- 員工士氣、信心狀態等

✓ 他們在採用你的解決方案後的變化
- 數據成長（業績提升、擴展市場）
- 員工士氣、企業文化、業務效率的改善

✓ 從開始使用你的產品或服務到看到成效的時間跨度

✓ 關鍵語錄（客戶說出的具影響力的話）

✓ 客戶的情緒變化
- 例如：從壓力大↓鬆一口氣、從擔憂↓興奮、從迷茫↓充滿信心

✓ 客戶照片與攝影來源

✓ 使用客戶姓名、推薦語錄與照片做為行銷用途的授權

在與客戶對話並收集這些資訊的同時，別忘了詢問他們是否有其他可能對你的解決方案感興趣的人可以推薦！這樣你不僅能夠獲得強而有力的見證，還有機會透過推薦進一步拓展你的客戶群！

銷售「投資回報」

讓客戶願意花更多錢的簡單方法之一，就是向他們展示這項投資將帶來的回報。當我向潛在客戶推銷時，我總是專注於銷售「投資回報」，而不僅僅是產品本身。

舉個例子，如果客戶說：「我負擔不起二千美元的銷售培訓課程——我一個月才賺二千美元。」我會感謝他們的回饋，然後這樣回應：

「我理解你的情況，這個價格確實看起來有點高。但如果你只須一次性支付二千美元，而這個培訓課程能夠幫助你每個月額外增加二千美元的銷售額，那麼你三十天內就能回本，投資報酬率達到百分之百。一年下來，這代表你多賺了二萬四千美元。請問你在哪裡還能找到這種回報率的投資？」

當客戶聽到這樣的投資回報計算，購買這個銷售培訓課程就會變成一個「不必動腦的決策」（no-brainer）。尤其是如果我允許他們分期付款，讓他們在完成課程之前先開始還款，那麼這筆投資看起來就更划算了。

當我和柴克討論如何向潛在客戶推銷方案時，我提到了有時候可以提供客戶更優惠的價格，但這只有在我已經說明「完整價值」之後才會進行。

「那你會收他們多少錢？」柴克問。

「如果是『早鳥優惠』的話？大概一千美元。」

「你開玩笑吧？這也太瘋狂了！」柴克驚訝地說。

「這就是關鍵。」我笑著說，「你希望這個交易變成一個『不必動腦的決策』，讓客戶毫不猶豫地說：『好！』」

「但是，這樣你要怎麼賺錢，爸？」

我笑了笑，對他說：「等他開始賺更多錢，體驗到培訓課程的價值，之後我還會向他推薦其他更高價值的進階課程。」

通常，當你向客戶提出一千美元的報價，並且清楚解釋這個投資的回報，客戶就會選擇報名參加。當你向他們展示這筆投資如何幫助他們增加收入，並且能夠快速回本時，他們的預算考量也會隨之改變。

當你完成銷售簡報或提出解決方案後，有時候客戶會直接說：「我加入！怎麼報名？」

但大多數時候，事情不會這麼順利。客戶通常會對你的方案提出異議。處理這些異議，就是銷售過程的下一個步驟。

想學習更多這個步驟的銷售技巧嗎？請參考第八章〈打造你的銷售技巧〉。

六、克服異議

還記得我在夏威夷第一份銷售工作時看到的那句話嗎？「銷售從客戶說『不』的那

一刻開始。」

這正是我們現在進入的銷售階段——客戶已經說「不」了，他們提出了一個異議。

當我和柴克討論這個話題時，我看到他明顯變得興奮起來。

「我每天試圖賣瓶裝水時，幾乎所有人都對我說『不』，快告訴我怎麼讓他們說『好』！」

第一件要知道的事：客戶的異議是正常的，而且學會如何克服異議，將決定你的銷售成敗。

幾乎所有客戶在購買前，多少都會有疑慮或異議。你應該這樣看待異議——它們其實是有利的，因為它們揭露了客戶內心的真正顧慮。你應該努力找出這些顧慮，因為最糟糕的情況，就是你把產品賣給了一個根本不適合的客戶。這種客戶往往會在Google留下一星負評，讓你的銷售生涯變成噩夢。

當客戶提出異議時，他們其實是在尋求更多的資訊與澄清。如果你把異議當作拒絕，那你應該回到第四和第五章，重新建立自己的銷售心態。客戶的異議通常不是針對你個人，它們是銷售過程中正常且有用的一環。

大部分客戶在購買前至少會提出一個異議，很多時候，他們會提出不只一個。所以，你必須學會如何逐步應對這些異議。如果你不知道該怎麼處理，對話可能會很快失控，最終，這位客戶可能就這樣離開了，讓你失去一次成交的機會。

兩種克服異議時最常見的失敗方式

當新手銷售員在提出解決方案後，客戶提出異議時，通常會犯以下兩種錯誤：

（一）你不知道該怎麼回應

當客戶提出異議時，你需要立即做出回應。如果你沒有準備好，你的「被拒絕恐懼」可能會突然爆發，導致你結結巴巴、說不出話來。這時候，對話出現了尷尬的沉默，這反而讓客戶覺得自己的異議是合理的，你很可能就此失去這筆交易。

你應該事先準備並預測可能的異議，這樣你就能保持冷靜，集中注意力，並完全掌控對話節奏。這樣一來，你將能夠順利扭轉客戶的疑慮，讓他們重新考慮你的提案。

我對柴克說，「你總是能為任何事情找到答案，來試試這個問題吧，好嗎？」

「來吧，讓我試試。」柴克說。

「你的瓶裝水產品太貴了。」我告訴他。

「不，它不貴。讓我告訴你為什麼。」柴克立刻回應。

「記住我們剛剛說過的，要用詢問的方式。」

「對了，」柴克思考了一下，然後說，「那這樣怎麼樣：『你願意花一分鐘的時間，讓我向你展示為什麼它其實不貴嗎？』」

「這就好多了！」我說。

（二）你的本能反應可能是直接反駁客戶

當客戶提出異議時，很多銷售員的直覺反應，是試圖解釋為什麼客戶的異議是錯誤的，或者塞給客戶更多資訊，來說服他們接受你的說法。

但，正如《星際大戰》（Star Wars）中莉亞公主（Princess Leia）曾說過的：「不要，路克，這是個陷阱！（Don't, Luke, it's a trap!）」

如果你直接反駁客戶的異議，結果通常會變成這樣：你開始長篇大論地解釋，拚命向客戶灌輸各種資訊，試圖讓他們改變想法。但此時，這已經不再是一場對話，而變成了一場你單方面的演說。

記住，對話中擁有「提問權」的人掌握著主導權。但當你不停地講解時，你就不再是「詢問」客戶，而是「告訴」他們該怎麼想。這時候，客戶可能已經開始覺得無聊或不耐煩，甚至在心理上已經準備好要離開了。

與客戶爭辯行不通的主要原因之一，是因為他們的第一個異議通常不是真正的問題。你需要深入挖掘，找出真正讓他們猶豫的關鍵因素。

準備好像一位經驗豐富的銷售專家一樣克服異議了嗎？太好了！現在，讓我們一起來學習一套經過驗證的流程，幫助你成功應對異議，將「不」轉變為「好」！

步驟（一）：承認異議

如同我們之前提到的，當你在與客戶對話時，傾聽是關鍵。當客戶提出異議時，你的第一步應該是承認他們的觀點。

例如，客戶說：「我不認為你的解決方案能滿足我的需求。」你的回應應該是：「我真的很感謝你的回饋。」

這麼做的心理學原理是什麼？

- 它能幫助你爭取時間，思考你的回應。

- 這是一個友好、讓人難以抗拒的回應，能夠緩和潛在的對立情緒。
- 透過這樣的回應方式，你改變了對話的氛圍，重新掌握了對話的主導權。

步驟（二）：提出問題

當你承認了客戶的異議，你已經讓對話回到正向的軌道上。接下來，你應該在「感謝」之後，馬上提出一個問題。

例如，你可以問：「請問你在尋找什麼樣的解決方案，你覺得我們的方案中缺少了什麼？」

這麼做的關鍵是：你透過提問，重新掌握了對話的主導權。現在輪到客戶來回答，你成功讓他們「開口說出他們的真正顧慮」。

你的下一個任務？等他們回答！

通常，當客戶回答你的問題時，你會發現他們可能沒有完全聽清楚你之前的解釋。在你講解產品優勢的某個時刻，他們的注意力可能已經分散了。正如我們在第八章〈打造你的銷售技巧〉的「傾聽」部分討論的，他們可能並沒有真正專注聆聽你的解釋，而只是等待他們可以插話的機會。

這位客戶可能會回答：「我原本希望我的團隊能夠不用花太多時間學習，直接上手這款軟體，但它看起來太複雜了，恐怕不太可能。」

當你聽到這個「第二層異議」時，這通常會更接近客戶真正的顧慮。但你還不能停下來，你需要繼續深入挖掘。這個過程就像「起泡、沖洗、重複」，直到你找到問題的核心。

你可以這樣回應：「我明白了。請問『你的團隊不需要花太多時間學習這款系統』，對你來說真的很重要嗎？」

如果客戶確認這確實是他的真正擔憂，你可以說：「好的，你擔心的是培訓時間，對吧？那如果我告訴你，我們的軟體配備了一個三十分鐘的自學訓練模組，能讓你的團隊快速掌握所有關鍵功能呢？真的只要三十分鐘，他們就可以立即開始使用了。」

這個來回對話的目標，就是不斷深入，直到找到真正的異議點。如果你解釋完，客戶又提出另一個異議，那麼你就必須繼續挖掘，直到找到問題的根源。

亮點妙想

客戶的異議，往往只是掩飾更深層問題的「煙霧彈」。他們可能：

- 對做出這筆投資感到不安（擔心風險或回報）。
- 沒有完全理解產品的所有功能，但又不想問太多問題，擔心自己看起來很「外行」。
- 只是單純需要更多時間考慮，還沒準備好做決定。

不要假設客戶提出異議的真正原因，你需要不斷挖掘，找出他們心裡真正的顧慮。

最終，你會發現客戶的「核心異議」。當你問他們：「這對你來說真的很重要嗎？」如果他們嘆了一口氣，深吸一口氣，然後回答『是的』，那麼，你就可以配合他們的語氣，誠懇地說：

「感謝你願意和我分享這些想法。」

然後，你再問一個問題：「這個問題帶來的主要挑戰是什麼？」

接著，仔細傾聽他們的回答。如果客戶的語氣變得激動，或者表現出強烈的情緒反應，那麼你就已經找到他們真正的異議點了。

步驟（三）：轉換話題

當你確認了客戶的真正異議後，就是該稍微轉變對話方向，讓這筆交易有機會成功成交的時候了。例如，假設你最終發現，客戶的關鍵異議是「預算不足」。你可以這樣回應：「好的，那你的預算是多少？」

當客戶給出一個數字後，你就可以根據他的預算調整你的方案。你可以說：「我想看看有沒有辦法讓這個價格對你來說更可行。如果我們提供分期付款方案，減少一次性的大額支出，這樣你會比較能接受嗎？」

或者，你可以這樣提案：「如果我能提供一個基礎版的方案，保留這款軟體的主要功能，但價格降低一半，這樣你會考慮嗎？」

如果客戶回答：「這樣可以。」那麼，你就成功把「不」轉變成了「好」！這就是克服異議的核心目標。

當柴克聽完後，他問我：「所以，你的意思是，關鍵不是『聰明的回答』，而是『聰明的提問』？」

「完全正確！來擊個掌！」我說。

客戶仍然拒絕？

當然，這個方法並非萬無一失。有時候，某些人並不是你的目標客戶，你的解決方案也確實無法滿足他們的需求。

如果你已經深入挖掘、調整方案，但他們仍然選擇不購買，至少你已經讓他們仔細思考過這個選擇。

根據我的經驗，大約百分之五~十的這類客戶，最終還是會回來向你購買。為什麼？因為你真正傾聽了他們的需求，這種被理解的感覺，會讓他們記住你，並在未來重新考慮你的產品或服務。

這些客戶會回來找你，是因為你是唯一一個沒有強迫推銷、不亂塞不適合產品給他們的銷售員。相反地，你花時間真正了解他們的需求，這讓他們對你留下了深刻的印象。應該來回詢問異議多久？這完全取決於你對這位客戶的判斷。你認為成交的可能性有多高，決定了你該花多少時間處理他們的異議。

如果你感覺這位客戶只是故意刁難，根本不打算購買，你可以這樣說：「我不認為你真的對我的解決方案感興趣。無論如何，還是感謝你的時間。」

你不需要浪費整天時間，去迎合一個根本不想買的客戶。但同時，也不要失去耐心，記得保持禮貌，因為你永遠不知道，他們是否會將你推薦給一位真正適合你的理想客戶。

如果你透過足夠的問題讓客戶準備好購買，那麼，現在是時候完成交易了。想學習更多這個步驟的銷售技巧嗎？請參考第八章〈打造你的銷售技巧〉。

七、完成銷售

準備好完成一筆銷售了嗎？這個步驟包含六～七個子步驟，具體取決於情境，其中四個步驟是必須的。

成交的第一條規則：任何時候，當客戶表現出願意購買的跡象，你就應該立即進入成交階段。你可能原本設計了一套完整的「成交引導流程」，但如果客戶直接說：「我準備好了！」那麼，立刻拋開你的計畫，直接進入「行動號召」並完成交易。

但如果客戶沒有主動表示願意購買，那麼你就需要引導他們做出決定。不同的銷售情境，成交的方式會有所不同。例如：

- 如果你在舞台上進行公開演講，成交的方式將與線上銷售頁面的文案不同。
- 而當你與客戶面對面交流時，成交的方式又會有所不同。

優秀的成交者在這個階段，會保持積極的態度，並採取「預設成交」的姿態。也就是說，你要假設客戶「一定會」向你購買，而不是「可能會」。這樣，成交的過程會變得更加順利，因為你的對話方式，不是圍繞著「是否購買」，而是直接圍繞著「購買後，你將獲得X和Y這些好處」。

看出這其中的不同了嗎？現在，你已經理解應該用什麼態度來進入成交，接下來，讓我們學習完整的成交步驟，幫助你鎖定這筆交易！

步驟（一）：重述客戶的問題

讓客戶回想起他們的痛點，是非常關鍵的一步。你之前已經仔細傾聽了他們的需求，現在你要把這些資訊「回饋」給他們。

你可以這樣說：「你說過，你來參加這次會議，是因為你厭倦了為了一個討厭的老闆拚命工作，卻仍然無法在財務上取得突破，對吧？」（等待客戶點頭）

「你也提到，你希望擁有更多的自由時間，能夠探索自己的興趣愛好，陪伴家人，並在孩子成長的過程中真正參與其中，對吧？」（等待客戶回應）

「你還說過，健康對你來說是非常重要的，對嗎？」

這些提醒，會讓客戶重新回到當初讓他們尋找解決方案的痛點上，讓他們再次感受到因為這個問題而帶來的壓力與不安，並重新喚起他們想要解決問題的強烈動機。這樣的對話，就能完美鋪墊，讓你順利進入下一步——重新陳述你的解決方案！

步驟（二）：重述解決方案

在提醒客戶他們的問題之後，你需要再次提出你的解決方案。你可以這樣說：我剛剛向你展示的這個機會，正好能解決你所有的問題。你同意嗎？」

別忘了再次強調你的解決方案所帶來的所有好處，例如：「這個機會不僅能幫助你減重、讓你的身材變得更好，而且當你向朋友推薦它時，你們還能開始建立被動收入。」或者根據你的產品或服務，陳述具體的好處。

本質上，你要傳達的訊息是：「這個解決方案將為你帶來你想要的結果。」

這個時候，展示客戶推薦見證會非常有效，尤其是當這些見證來自於和眼前這位客戶類似的人時。客戶越能夠與推薦見證中的人產生共鳴，他們就越容易覺得：「哇，這個人當初遇到的問題跟我一樣，如果這個方案能幫助他，那它應該也能幫助我！」

如果客戶仍然猶豫，那麼這時候你需要進一步引導他們，讓他們更深入了解你的解決方案所帶來的更多優勢。

步驟（三）：引導客戶

帶領客戶深入了解你的解決方案的額外好處，並且幫助他們勾勒出未來的願景。即使你已經進入成交階段，仍然要注意傾聽他們的回應，因為這些回應將指引你接下來的對話方向。

以下是一些引導性的陳述範例：

- 「這些健康補充品已被證實能夠提升你的能量，並減少你剛剛提到的午後疲勞現象。這對你來說重要嗎？」
- 「你有沒有想到一些可能會對這些產品，甚至這項商機感興趣的人？」
- 「能夠清楚地看到通往理想生活和財務自由的路徑，感覺如何？你覺得這條路如何？」

請注意，以上的引導句子中，每個好處的最後都附帶了一個確認問題。在你引導客戶理解產品優勢時，務必加入這類問題，這能讓對話保持順暢，並確保客戶持續參與對話，而不只是被動聆聽。

仍然沒成交？現在是時候幫助客戶重新評估你的解決方案的價值了。

步驟（四）：比較定價（可選）

如果你察覺到客戶對價格有所猶豫，那麼使用價格比較的方法可能會有所幫助。舉例來說，如果我要銷售一門銷售培訓課程，我可能會這樣說：

「在一所知名大學修讀四年的商業學位，學費大約在十二萬五千到二十五萬美元之間。畢業後，你『可能』能找到一份年薪六萬美元的工作。但我們的『五天銷售精通課程』只需五千美元，而過去曾經參加過這個課程的人，後來都成為了百萬富翁。」

有些人需要這樣的價格比較，才能夠感受到自己「撿到便宜」。這類客戶在聽到這樣的訊息後，更有可能購買。例如，如果你向他們推銷一款五百美元的手機，告訴他們這款手機在幾個月前上市時售價是一千五百美元，那麼這些客戶就會覺得這是一個好交易，更容易接受這個價格。

透過比較來促成銷售

我認識一位企業家，他當時在銷售減重診所會員方案，這種商業模式在當時還算新興，一開始並不容易推廣。

有一天，他遇到一位嚴重超重的女性顧客，但對方遲遲不願意購買他的一百二十五美元／月的減重計畫。

「這太貴了。」她告訴他。這位企業家試圖用不同的方法來向她展示這個方案的價值，但始終無法成功說服她。

感到沮喪的時候，他的目光掃向窗外，看到了一輛閃閃發亮的紅色賓士450SL。這輛車的烤漆光滑閃耀，在晨曦中格外吸引人。車篷敞開，露出了時尚的設計和高級真皮內飾。

他突然靈機一動，問道：「妳喜歡車嗎？」

「喜歡啊！」她回答。

「看看那輛車！」他指著窗外。

「哦天啊！那是一輛 450SL！」她驚呼，「好漂亮！」

「妳覺得這輛車值多少錢？」他問她。

「哦，可能二萬美元吧。」她說，語氣透露出這個價格對她來說只是癡心妄想。（請記住，這是在一九七〇年代，當時的二萬美元購買力遠高於今天。）

「如果我能讓妳用六千美元買到這輛車呢？」他問，「妳會買嗎？」

她立刻坐直身體，「你在開玩笑嗎？當然會！」

「好的，謝謝妳告訴我這件事，」他說，「所以，妳可以想辦法拿出六千美元買這輛車，但妳卻拿不出每月一百二十五美元來拯救自己的生命？」

我想你應該不會對最後的結果感到意外——她立刻購買了這個減重計畫。

當你向客戶介紹一個他們不熟悉的產品時，請記住，他們可能沒有任何東西可以與之比較。當人們購買一項全新的產品或服務時，他們需要某種參照標準，否則這個價格可能會讓他們覺得高得離譜，或者根本無法判斷這個產品是否值得購買。

找到一個可以用來比較的事物，將會讓你的報價聽起來更有價值、更合理。而且，如果價格比較仍然沒能幫你成交，別擔心——我們還有更多方法，能幫助客戶做出決定。

步驟（五）：增值堆疊

如果客戶已經接近購買決策，但仍在猶豫，一個有效的策略是「增值堆疊」，在最後成交階段，不斷增加額外的產品或服務，直到這個提案變得太過吸引人，讓客戶根本無法拒絕。

在成交階段，你可以增加哪些額外價值？

當我銷售辦公設備時，我們經常額外贈送噴墨印表機墨水匣和一箱打印紙，做為小型電腦銷售的附加優惠。如果客戶購買了一台價值三萬美元的小型電腦，我們可能會額外附送五千美元的免費耗材，然後再額外贈送一個電源保護器，以及一年的免費維護合約。

「這些全部免費送給你，聽起來是不是很划算？」我會告訴客戶，「否則，這些東西你都得自己掏錢買。」

當然，這些額外項目的成本對公司來說通常只是小數目，但對客戶來說，它們的價值卻非常高。因為這些產品通常是高利潤商品，對公司來說成本低，但對客戶來說卻是很實用的增值優惠。

亮點妙想

以下是一些經過驗證的高成交率增值項目，你可以在銷售時，將這些項目堆疊到你的提案中，以提升價值感：

- 價值一千五百美元的影片培訓課程
- 價值一千美元的現場技術支援
- 一本書（相關領域的專業書籍）
- 價值五百美元的專業諮詢
- 你可以親自為他們提供的額外服務
- 幾個有助於他們業務發展的重要商業介紹／推薦
- 任何對你來說成本低、但對客戶來說價值極高的東西

「增值堆疊」每次都能讓你的提案看起來更有價值。但如果客戶仍然沒有簽約，那麼還有最後一個步驟，能夠幫助你促使交易在當下發生！

步驟（六）：創造緊迫感或限時優惠

在銷售中你應該始終創造某種「緊迫感」，讓客戶覺得現在就採取行動才是最明智的決定。通常，給客戶一個有力的理由，說明為什麼他們「必須現在購買」，而不是等到下週、下個月或乾脆不買，這種方式能夠大幅提升成交率。

如何有效地創造緊迫感？以下是兩種關鍵方法，能夠促使客戶立刻做出購買決策：

1．創造數量限制

你可以告訴客戶，這項產品或服務的名額有限，一旦賣完，就沒有了。以下是一個示範：

「我這個價值一萬三千美元的五天銷售領導力課程，唯一的挑戰是，由於這個課程的教學方式極具互動性，我必須將小組規模控制在極少數的人數內。這次課程我最多只能接受四十名學員，而這將是我今年唯一一次在印尼開設這門課程。我們的某些練習，只有在小型團體中才能發揮最佳效果。

所以，如果你確定自己不想錯過這個『唯一一次』能夠與我近距離學習的機會，請現在到會場後方的報名桌，我的團隊會為你完成報名手續。」

2．為「增值優惠」設置期限

你的額外贈品或增值優惠將在某個截止日期結束，這將促使客戶立即購買。

以下是一個示範：

「如果我們能在週五之前完成這筆交易，並且你今天支付訂金，我可以免費送你腳踏墊、換機油服務，以及第一年的免費維修保養。順帶一提，這款車型只剩下兩輛，而你想要的這個顏色只剩最後一輛。」

一個重要提醒：誠實至上！千萬不要假裝產品有限，或虛構一個不存在的限時優惠！

如果你宣稱某個優惠「今天就截止」，但客戶第二天回來，卻發現優惠依然有效，這將大幅降低你的可信度，甚至影響你的長期銷售表現。許多汽車經銷商、家具店、百貨公司都經常使用「限時優惠」來刺激消費。例如：「這場促銷只到本週結束！」

航空公司也在使用這種策略。當你在線上預訂機票時，網站會顯示：「這趟航班僅剩二個座位！」這會讓你覺得如果不立刻購買，機票可能就會賣完。同樣地，許多線上服飾購物網站也會顯示商品剩餘庫存，例如：「這款紅色長版上衣只剩三件，你的尺寸只剩一件，目前有二十七人加入收藏！」這會讓你產生「快賣完了，我得趕快下單！」的衝動。

給客戶一個「現在購買」的理由，他們往往就會行動。

步驟（七）：重申你的提案

你已經做了這麼多努力，但客戶仍然沒有做出購買決定？那麼，現在是時候進行最後的總結，重新強調你的提案。這是你總結整個銷售流程的機會，回顧你帶領客戶走過的每一個步驟：

- 他們的問題（痛點）
- 你的解決方案，以及為什麼它能有效解決問題
- 你的引導與幫助
- 與其他選擇的比較
- 你額外提供的增值優惠
- 限時優惠與數量限制所帶來的緊迫感

這個總結，可能正是促使客戶最終做出決定的關鍵。同時，確保付款方式簡單、方便，讓客戶能輕鬆完成交易。不管是當面交易時提供刷卡機，還是在線上銷售頁面上設置多個「立即購買」按鈕，都應該讓客戶毫不費力地完成付款。

成交後，立即停止銷售

這點在本章一開始我已經提過，但值得再重申一次：不要沒完沒了地推銷你的提

案！只要客戶說「我買了」，你就該立即停止銷售，不要再繼續說明，避免畫蛇添足。如果客戶沒有主動說「我買了」，那麼當你的成交流程結束時，請直接向他們要求購買承諾。

注意：你必須「主動要求」客戶下單！如果你不主動詢問客戶是否願意購買，那麼對方的默認答案可能就是「不買」。記住，提問能讓你掌控對話節奏。一旦你問了，就要靜靜等待客戶的回應，除非他們再提出新的異議，否則不要繼續推銷。

這樣說就對了

不知道該怎麼開口成交？以下是一些經典的成交語句：

- 「我們可以進行訂單處理了嗎？」
- 「你要直接把它帶回家嗎？」
- 「請問你想使用 Visa 還是 AmEx 付款？」
- 「我們現在可以幫你完成註冊嗎？」

一旦你問出成交問題，就停止說話，讓客戶自己決定。無論發生什麼事，千萬不要因為沉默而感到不安，更不要因為不習慣這種安靜的氣氛，就急著開口說話。在「傳統銷售技巧」中，我們曾被告知：在這種成交沉默期，第一個開口的人就輸了。

客戶仍有問題？回到異議處理環節！如果客戶仍然有疑問或顧慮，你就需要重新回到「異議處理」的環節，幫助他們釐清問題。一旦你成功解答了他們的問題，請再次提出成交問題，讓他們做出決定。如果客戶還是無法下決定，你可以直接問：「請問還有什麼我可以幫助你的地方，能讓你更放心地往前邁進？」

有時候，你甚至可以直接問客戶：「很抱歉，似乎我還沒能完全滿足或找出你的所有需求。在我離開前，你能告訴我，我還漏掉了什麼嗎？」這個問題，可能會讓你重新回到銷售的正軌。到這一步，你的銷售任務已經完成。你已經提供了所有能夠讓客戶購買的理由，現在，決定權就在他們手上。

想學習更多這個步驟的銷售技巧嗎？請參考第八章〈打造你的銷售技巧〉。

八、跟進客戶

你成功完成了一筆銷售，但這樣就結束了嗎？其實，銷售流程還有一個至關重要的步驟——跟進客戶，千萬不能跳過。你需要主動聯繫你的客戶，這樣做的三個關鍵原因，我們接下來會詳細討論。

原因（一）：確認你兌現了你的承諾

在你的銷售提案中，你向客戶承諾了某些產品或服務的好處，並保證能夠為他們帶來特定的價值。主動跟進客戶，能夠讓你確認這些承諾是否真正兌現。如果你發現自己未能完全達成承諾，那麼這將是一個補救的機會，讓你儘可能彌補並提供更好的服務。

優秀的銷售員必須是言而有信的人，這樣才能建立良好的聲譽，並獲得客戶的信任。更棒的是，在這次跟進中，你還可能發現額外的銷售機會，並有機會向客戶追加銷售。

例如，你可以問：「最近使用得如何？還有什麼我可以幫助你的地方嗎？」

客戶可能會回答：「其實，我有點後悔當時沒有一起買那個筆電保護殼，現在還能補買並寄送給我嗎？」

你當然會答應，並幫助他們完成訂單。

最重要的是，你要確保客戶對你的產品或服務有極佳的使用體驗，這樣他們才會願意幫助你完成跟進的另外兩個關鍵部分。

原因（二）：獲取推薦見證，幫助未來銷售

當你擁有大量滿意客戶的推薦見證，你的銷售過程將變得更加輕鬆。正如步驟三（第一三二頁）所提到的，當你在向潛在客戶展示提案時，推薦見證能夠大幅提升說

服力，它們幫助你完成了很大一部分的「說服工作」，讓客戶更容易相信你的解決方案正是他們需要的。

黃金法則

要製作有效的推薦見證，可以參考那些你在雜誌上看到的減重廣告的風格。關鍵元素如下：

1.（使用前）一張體重一百公斤的女性在開始計畫前，表情不快樂的照片。
2.（使用後）同一位女性現在體重六十公斤，笑容燦爛的照片。
3.（激勵人心的文字）「過去一年，我減掉了四十公斤！我的糖尿病受到了控制，現在有足夠的精力陪孫子玩耍！」

有些公司使用影片見證，但我個人對這種方式並不特別推崇。影片的內容較難掌控，因為客戶的表達可能不夠有活力，或者傳達的訊息並不完全符合你的需求。最好的方式是直接取得書面見證，這樣你可以進行適當的編輯，然後向客戶索取一張照片，這樣你就擁有一則可以用來吸引未來客戶的優秀見證。

如何獲取客戶見證？最簡單的方法就是直接訪談你的滿意客戶，並做筆記。然後，你可以這樣說：「剛剛你說的這些話，能不能讓我整理成推薦見證來使用？」

如果他們同意，你可以主動幫他們寫好見證內容，並讓他們審核確認。大多數客戶即使非常喜歡你的產品，也不會特意花時間寫推薦見證，甚至不知道該怎麼寫。所以，你主動幫他們完成這一步，能夠讓整個過程更加順利。

原因（三）：請求推薦

你銷售的產品價格越高，口碑推薦的價值就越大。對於一些高單價的銷售，推薦可能是你唯一能夠持續獲得新客戶的方法。

當然，你也可以建立一個龐大的線上銷售漏斗，透過累積大量潛在客戶名單，然後向他們推銷你的方案。如果經營銷售漏斗是你的強項，那麼這可能會對你有幫助。但我可以保證，這樣的方式比起透過推薦來銷售高單價產品，會更加費時費力。

除非你主動向客戶提出要求，否則他們往往不會主動向朋友推薦你的解決方案。因此，請求推薦應該成為你售後跟進流程的一部分，讓它變成一個固定的銷售習慣。

想學習更多這個步驟的銷售技巧嗎？請參考第八章〈打造你的銷售技巧〉。

成為銷售流程的高手

柴克對於學習銷售的八個步驟感到興奮不已，他幾乎在我辦公室裡興奮地跳了起來。

「好了，我準備好了！」當我講解完這些步驟後，柴克充滿自信地說。

「等等，柴克，先別急，」我提醒他，「了解這八個步驟是一回事，但你還需要透過不斷練習來真正掌握它們，這才是最重要的。這也是為什麼我會讓你去找一份銷售工作。」

柴克笑了笑，說：「是啊，我在賣瓶裝水的工作裡，確實得到了很多練習，但我的成交率並不高。」

「這並不奇怪，因為你才剛開始不久，」我告訴他，「如果你想更快提升銷售技巧，那麼讓我分享一些我多年來累積的銷售經驗。我相信這些技巧能夠讓你更快速地提高成交率。」

柴克一屁股坐在椅子上，只是輕輕抖著一條腿，顯然已經準備好聽講。「聽起來很棒！」他說。

許多銷售人員缺乏的不是話術，而是建立信任感與同理心的能力。太多業務員患有「過早成交綜合症（Premature Closing Syndrome）」——他們急於成交，而忽略了與潛在客戶建立關係。

Chapter 8

打造你的銷售技巧

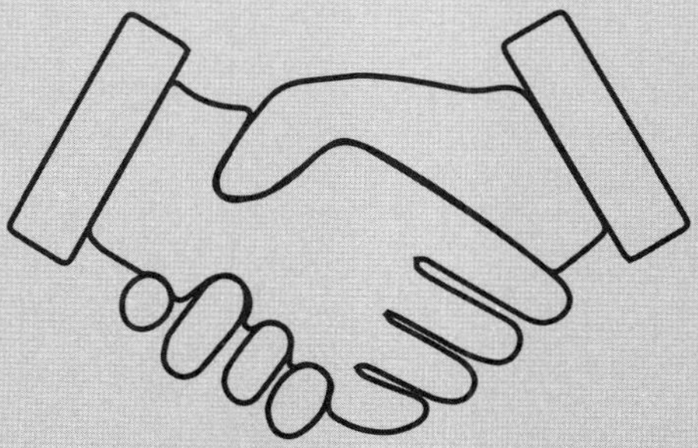

知道銷售的步驟是一回事，但無論客戶提出什麼挑戰，都能熟練運用這些步驟則是另一回事。要真正精通銷售，不僅需要實踐，還需要掌握更高階的銷售知識——換句話說，你需要銷售技巧。

因此，讓我們重新回顧銷售的八個步驟，並針對每個步驟提供一些提升技能的方法——這些工具將幫助你在每個環節都能更成功。我們將從最基礎的部分開始，再逐步涵蓋所有八個步驟。

輕鬆找到需要你的潛在客戶

在銷售中，你通常會針對特定類型的產品或服務，並且你應該已經確定了你的方案能夠解決哪些問題。因此，你的首要任務是找到那些有這些問題的客戶。

讓我們來看看柴克的情況。他負責某個銷售區域，並按照經理的指示，在公寓大樓逐棟挨家挨戶地敲門拜訪。

當柴克和我繼續他的銷售培訓時，我問他：「與其向區域內的每個住戶推銷，如果你能直接找到那些正在尋找瓶裝水銷售員的客戶，會怎麼樣？」

柴克眼睛一亮，興奮地說：「那也太棒了吧！」

「那好，我來教你一個更省力的銷售方法——人脈銷售，」我說，「你一定認識某個人，而那個人又認識某個人，而這個人剛好就需要你在賣的東西。你的瓶裝水客戶中，是否有親戚住在同一棟大樓，或是同一個城鎮？你可以請他們幫忙推薦，或介紹你給他們的親友嗎？」

我向柴克解釋，所謂的「六度分隔理論」在銷售領域同樣適用，但根據我的經驗，這個距離其實更短，大概只有「兩度分隔」。每個人都認識其他人，而這些人又各自有不同的交際圈。當你仔細盤點這兩層人脈時，會發現這其實是一個龐大的潛在客戶群。

如果你的產品適合這樣的方式銷售，你甚至不需要挨家挨戶拜訪，而是透過身邊的人脈來找到你的潛在客戶。有時候，只要開口問一問，你就可能發現光是你自己的人脈圈，就足以支撐你的業績。

你可以參考這篇文章來了解更多關於「六度分隔理論」的概念：https://hbr.org/2003/02/the-science-behind-six-degrees（哈佛商業評論文章）。

如果你覺得自己的人脈圈沒有覆蓋到你的銷售區域，那該怎麼辦？很簡單，你需要在那個區域結交一些新朋友，讓他們成為你的推薦者。例如，你可以參加當地的商會活動，主動介紹自己，說明你在做什麼，認識潛在的客戶或推薦人。

另一種策略是進行市場調查，看看你的人脈圈（第一層或第二層）裡的這些人是做什麼行業的，他們擁有哪些資源或人脈，以及他們可能有哪些需求。有時候，甚至可以主動提供一些幫助，支持他們的事業或興趣，進而建立更深厚的關係，讓他們更願意幫你推薦客戶。

黃金法則

夠多人知道你在做什麼嗎？在銷售領域，有一句經典的話：

曝光＝魔法（Exposure ＝ Magic）

你讓多少人認識你，你就會獲得多少機會——這幾乎像是魔法一般發生！

根據我的經驗，只要你持續增加曝光度，大約六週內就會開始看到新的銷售機會。這就像你往水裡丟下一顆石頭，水波一圈圈擴散開來，碰到岸邊後還會反彈回來——關鍵在於，你必須不斷讓新的人知道你是誰，你在做什麼。

我轉向柴克，對他說：「你可以試試看，發出大量的名片給不同的人，建立人脈關係——不只是給出去，也要拿回對方的名片，然後進一步跟進，看看你們之間是否有共同點可以建立聯繫。」

「柴克，還有一點很重要：最後，客戶買的不只是產品，而是『你這個人』。他們買的是你的活力、熱情、創造力、解決問題的能力、積極的態度和可靠性。讓更多人有機會認識你，感受你的能量，這樣當他們有需求時，自然會想到你。」

「也許其中有些人真的會買你的瓶裝水，」我笑著說，「但就算他們不買，你仍然建立了一群可能幫你轉介紹的關係網，甚至是未來可能在其他方面支持你事業發展的人。」

柴克有些猶豫：「我不太確定要去參加那些會議……」

「嗯，我知道你很愛用社群媒體，因為我總是得在晚餐時間提醒你別滑手機。」我笑著說，「你可以在社群平台上分享你的工作內容，然後請你的朋友幫忙，如果他們認識住在你銷售區域內的人，或有人正在找優秀的銷售員，他們就可以推薦你。你永遠不知道這樣的資訊會怎麼傳播出去。

建立的人脈不只限於賣水，甚至能影響你未來的發展。所以，維持好你的關係網，讓你的聯絡人知道你的動態，這樣無論你未來轉向哪個領域，都有機會從這些人脈中獲得幫助。」

亮點妙想

在網路行銷領域，有一句經典名言：「你的人脈等於你的財富。」轉介紹一直是最有效的獲客方式之一，這種方法經過時間的考驗，一直都行之有效。而在社群媒體的時代，這種方法更容易運用，比過去更加高效！

「我IG上有很多粉絲，」柴克說，「我要試試看這個方法，謝啦！」

如果你持續努力，你會開始看到轉介紹的效果。當這些推薦客戶開始出現時，你需要進一步提升自己與客戶建立連結的能力。現在，讓我們深入探討如何做到這一點。

如何與客戶建立良好連結？

你有沒有進過一家服飾店，結果一走進去，店員立刻衝上前來問：「需要幫忙找什麼嗎？」這種情境大家應該都經歷過，而多數人的反應往往是感到不自在，甚至想直接離開。

當銷售人員過於急躁，客戶會本能地想逃離。

許多銷售人員缺乏的不是話術，而是建立信任感與同理心的能力。太多業務員患有「過早成交綜合症（Premature Closing Syndrome）」——他們急於成交，而忽略了與潛在客戶建立關係。

這種「急就章」的做法通常無效，因為客戶還不認識你，也不信任你。如果你沒有先讓他們放下戒心，讓他們願意聽你說話，你的銷售推廣將會變得事倍功半。

你需要透過提出有興趣的問題並專注於對方的回應來建立連結。你應該真正關心你的客戶，而不只是想要成交。透過沒有壓力的對話和清晰且自然的溝通，你可以與客戶建立良好的關係，讓他們願意聽你介紹你的產品或服務。

你不應該試圖把客戶逼入成交的角落。如果你這麼做，客戶很快就會察覺到，並可能因此產生抗拒心理。

為了展示如何正確地建立融洽關係，讓我舉個例子。之前我提到過，亞利桑那州某間珠寶店的銷售人員一直在苦苦掙扎，無法有效推動銷售。你或許還記得，這間店的展示櫥窗充滿吸引力，裡面擺滿了迷人的寶石，而他們也很清楚這些寶石是店內的主要亮點。

然而，當顧客走進店裡時，銷售人員卻不知道該說什麼，這導致許多潛在客戶最終選擇離開，沒有進一步探索店內的商品。

以下是一段對話範例，這可以幫助珠寶店的銷售人員在顧客進入店內後，與他們建立良好的關係：

銷售人員：「你好，歡迎光臨！是什麼吸引你進來的呢？」

顧客：「櫥窗裡的那顆寶石。」

銷售人員：「哪一顆呢？」

顧客：「中間那顆大的。」

銷售人員：「你為什麼特別喜歡那顆呢？」

顧客：「它閃閃發光，真的很迷人。」

銷售人員：「我們希望店裡的每一件珠寶都能與顧客產生情感上的連結，因為這將是你長時間擁有的珍寶。當你看到這顆寶石時，它帶給你的感覺是什麼呢？讓你開心？讓你回憶過去？還是讓你感動？」

顧客：「它讓我覺得很開心。我想這是一種適合戴去派對的珠寶。」

銷售人員：「這真的很有趣！那麼，你有考慮購買它嗎？」

顧客（笑）：「哦，我猜它應該超出我的預算了吧！這顆主石實在是太大了。」

銷售人員：「我可以向你介紹一些同樣鑲嵌這種寶石，但價格更親民的款式，看看它們是否能帶給你同樣的感受？」

你看，這是一段自然且有溫度的對話，不是生硬的銷售推銷，而是真正關心顧客感受的交流。這位銷售人員在推薦商品之前，先問了好幾個問題，透過這些對話，他們成功地建立了信任感與互動，讓顧客不會產生防備心或想要逃離。

結果呢？這位顧客很可能最終購買了一條價格較親民的項鍊，而這條項鍊依然不便宜，對銷售人員來說，這筆交易仍然帶來了不錯的業績與佣金。

「嗯……」柴克沉思著，然後說：「我覺得要讓這種對話發生，在敲門拜訪時會更難一些。畢竟，當你是主動打擾對方時，他們可能會更抗拒。但我想試著想出一些問題，看看能不能引導客戶開口說話。」

幾天後，柴克走到一扇門前，發現門上貼著俄亥俄州立大學（Ohio State University Buckeyes）的貼紙。他敲了敲門。

當屋主開門時，他直接說：「O-H！」

對方立刻回應：「I-O！」這是俄亥俄州立大學校友之間的常見問候語。

不用多說，這句簡單的互動瞬間建立了親切感，成功拉近了距離，最後他順利完成了一筆銷售。

「關鍵在於建立連結，對吧，老爸？」柴克問。

「沒錯，就是這樣。」

一旦你與客戶建立了聯繫，你就準備好進入下一個銷售技巧了。

傾聽的重要性

傾聽需要專注力。當你與人交談時，若表現得心不在焉，對方不會覺得你在聆聽，反而會覺得你只是等著輪到自己說話——就像弗蘭．利波維茲所說的那樣。你是否曾經進入一家商店，店員開始和你說話，但當你回答時，他們的眼神卻四處飄移？他們可能在注意其他顧客的動向，看著牆上的時鐘，偷瞄手錶，或者聽到手機響了就立刻低頭查看訊息。

事實上，當你直視對方的雙眼時，就像有一條無形的雷射光束在你們之間建立了連結。而一旦你移開視線，這條連結就會斷裂，建立起來的信任感與親切感也會瞬間消失——而且，要再度找回這份關係將變得更加困難。

當你第一次與客戶接觸時，他們對你而言仍然是陌生人。如果你在交流時顯得心不在焉，他們可能會感到被忽視，甚至有些不滿。而你要記住，你能贏得客戶的機會是有限的，這個窗口非常短暫。

或許他們還會再給你一次機會，讓你重新與他們建立聯繫——但也有可能不會。而一旦你失去了這個機會，想要重新贏回客戶的注意與信任，就會變得更加困難。

如果你再次表現得心不在焉，客戶就會直接走開。

當銷售人員在客戶說話時只是隨口敷衍地回應：「嗯哼，是啊……」時，客戶會覺得你根本沒有在真正聆聽。

而且如果你的注意力分散，腦袋裡同時想著六件其他事情，那麼當客戶說完話後，你將無法立刻提出聰明、有深度、能夠引導對話的問題。你也無法透過追問來證明自己有在認真傾聽，因為你的思緒根本沒有專注在對方剛剛說的內容上。

關鍵的技巧在於學習如何專注。

如果你有時候覺得難以集中注意力，那麼這是一項你需要練習的技能，因為對於銷售人員來說，傾聽的本質就是學會專注於當下。讓自己的思緒保持清晰，全神貫注在眼前的客戶身上，你必須學會排除所有可能分心的事物。

有許多方法可以提升你的專注力。一些人會透過正念練習或冥想來訓練專注力。你也可以與團隊成員進行角色扮演，訓練彼此的傾聽能力。另一種方法是進行簡單的專注練習，例如和夥伴面對面坐著，靜靜地對視兩分鐘而不說話。

剛開始可能會覺得尷尬，甚至忍不住笑出來，但這正是你的專注力正在被挑戰的跡象。持續練習後，你會發現，專注變得越來越容易。

無論你選擇哪種方式來提升你的傾聽能力，最重要的是要堅持練習。如果你無法學會真正專注地傾聽，那麼你也無法順利完成銷售過程中的下一步。

客戶的需求與預算

識別客戶的需求或想要的產品，並推測他們願意支付多少金額來滿足這些需求，是一項需要技巧的能力。你需要像偵探一樣，從客戶提供的線索中找出關鍵資訊。

許多銷售人員誤以為，只要自己表現得足夠有趣，就能贏得客戶。但事實並非如此。真正有效的方法是，讓自己對客戶的話題產生興趣，而不是只讓自己變得有趣。

透過高度專注和傾聽技巧，深入了解客戶的需求和期望，然後利用這些資訊，幫助他們理解為什麼應該為你的解決方案買單。

例如，我問柴克如果他的銷售區域發生水資源危機，他會怎麼做？就像二〇二一年德州發生暴風雪時，當地的電網崩潰，人們不得不煮沸水來獲取飲用水。這對居民來說是一場巨大的困擾。

那些人急需瓶裝水。

這正是一個柴克可以迅速介入，銷售瓶裝水並大賺一筆的機會，因為客戶的需求非常明確。在這種情況下，人們甚至不會詢問服務費用多少——他們只會因為迫切的需求而直接訂購。當一項產品關乎生存時，價格通常不再是考量因素。

再舉個柴克的例子：如果他遇到一位非常注重健康的客戶，他可以向對方說明城市自來水中的重金屬與化學物質可能對身體產生不良影響，並且純淨的瓶裝水已被證明有助於提升健康標準。當然，在與客戶談論這類資訊之前，他必須先確認相關的具體數據，確保自己提供的是正確資訊。

有時候，你需要調整銷售話術，讓你的產品或服務與客戶的需求更加貼合。關鍵技巧就在於，如何根據客戶的需求微調銷售話術，讓你的提案更符合他們的期待。

成功的關鍵調整

我有個朋友創辦了一個專門為青少年設計的學術與個人成長訓練營。他的主要銷售話術是：「這將幫助你的孩子提升自信，讓他們對自己感覺更好。」

許多家長聽到這個說法後，雖然認同這個營隊聽起來不錯，但他們並不覺得這是一個非報名不可的解決方案，特別是當訓練營的學費相當高昂時。

因此，我這位朋友的招生情況並不理想，每一位學員的報名都需要耗費大量時間和精力來說服。

他決定進一步研究市場需求，直接與參加營隊的青少年交流，了解他們真正的擔憂，同時也詢問他們認為父母最擔心的是什麼。

此外，他還在家長來接送孩子時，親自詢問他們對孩子最關心的問題。

為什麼要這樣做？因為在這個情境下，真正的決策者是家長，而不是學生。

透過這些訪談，他發現家長們最擔心的其實是孩子的學業成績，以及他們是否能夠順利進入更好的學府。而青少年則感到壓力巨大，因為父母對成績的焦慮也影響到了他們。

掌握這些全新的市場洞察後，他請了一些實習生蒐集數據，追蹤營隊學生在參加訓練營後，GPA（學業成績平均分數）是否有所提升。有了這些數據後，他重新調整了銷售話術。

現在，他的銷售話術變成了：「參加這個營隊的孩子，GPA 平均提升一．五分。」

當他的團隊開始推廣這個結果時，他立刻收到了大量來自家長的詢問，大家都迫不及待地想要幫孩子報名。

對許多家長來說，讓孩子進入一所好大學是頭等大事。如果這個營隊能夠幫助他們達成這個目標，那麼他們願意毫不猶豫地報名。在這樣的角度下，這個營隊變成了極具吸引力的產品，而昂貴的學費也不再是問題。

事實上，我這位朋友幾乎沒有改變訓練營的實際內容，他只是調整了行銷方式，讓營隊的定位更符合家長的需求，結果就是——銷售業績大幅提升。

當你真正了解你的客戶是誰、他們的真正需求是什麼，以及他們願意為什麼買單，然後提供給他們，你就能賣得更多。

當然，前提是——你的銷售主張必須是真實可信的！

揭示你的解決方案的兩個祕訣

現在，你已經到了向客戶介紹你的解決方案的階段。我有兩個技巧可以幫助你提升這項技能。第一個技巧簡單得讓你難以置信。

如果你之前已經認真聆聽你的客戶，那麼你其實已經擁有一切所需的資訊來運用這個技巧：把客戶剛剛說的話，幾乎原封不動地再呈現回去給他們。越能夠貼近客戶的原話，銷售就會變得越容易。

需要一個例子嗎？以下是一段柴克在供水中斷時可以使用的推銷話術：

「你剛剛說，你住的公寓管線爆裂了，管理單位通知你，自來水飲用目前不安全，所以你接下來都必須煮沸水才能喝。但做為一名在家工作的網路工作者，你根本沒有時間這樣做。而且，如果瓶裝水喝完了，你也沒辦法一週跑好幾趟商店補貨——不僅沒時間，就算有時間，有時候超市也因為供應短缺而買不到水。

我們的瓶裝水配送服務，能夠提供你所需的所有飲用水。根據你家裡的成員數量，我們可以精確計算出你們每週在煮食和飲水方面的需求，並直接送到你家門口。這樣你就不必擔心會缺乏純淨、好喝的飲用水了。」

將客戶的問題回應給他們，不僅能展現你有認真傾聽，還能讓你將他們的問題與你的解決方案建立連結。

第二個技巧：告訴客戶產品的好處。這技巧看起來很明顯，但令人驚訝的是，許多銷售人員經常忘記去做。

這是銷售中最常見的錯誤之一：只是一味地向客戶介紹產品的功能，說明有哪些規格、配備了哪些「花俏的設計」，但卻沒有把這些功能與客戶的實際需求連結起來。真正能促成交易的關鍵，是讓客戶明白這些功能可以帶來什麼實際的好處。

舉個例子，在零售店銷售一件百搭洋裝時，銷售人員可以這樣說：「現在妳不需要再為商務會議該穿什麼而煩惱了！妳知道穿上這件洋裝，一整天都能保持專業又得體的形象。」這句話解決了顧客的潛在焦慮——在重要場合穿錯衣服，可能會錯失建立關鍵人脈或找到新客戶的機會。

如果你在銷售企業用的技術解決方案，那麼產品的好處可能會這樣表達：

「這套解決方案能夠提高你的處理效率——它可以讓薪資處理時間縮短一半。使用這個系統，你可以降低薪資成本，或者讓你的會計團隊專注於更重要的專案。

你剛剛也提到，你們需要快速擴展產能，但現有系統無法支持這個需求。這套解決方案能讓你立即擴展，同時提供至少五年的成長彈性，在這段期間內，你不需要升級系統。更重要的是，它不需要重新編程，也不需要聘請額外的專業人員來維護更新。」

當你在向企業銷售產品或服務時，你需要將企業主面臨的現實挑戰——例如技術限制阻礙業務擴展或過高的人事成本——與你的解決方案的實際好處結合起來，這樣才能真正打動客戶。

黃金法則

你的客戶問題、你的解決方案，以及你的解決方案所帶來的好處，三者應該緊密相連，形成一個完整的銷售論點。

問題＞解決方案＞好處

你的責任就是幫助客戶串聯這些關鍵點，向他們展示你的解決方案如何真正解決他們的問題。這個過程可以發生在面對面交談、線上研討會，甚至是一個銷售頁面，不論是什麼形式，這個步驟都至關重要。

理想情況下，你的解決方案不應該只有一個好處。就像上面的技術解決方案範例一樣，通常你的產品會有多重優勢。

不用擔心「好處太多」會顯得刻意或浮誇。我的一位朋友專門向企業銷售高價計畫，他在介紹產品好處時的方式是這樣的：「你的企業擁有一種獨特的價值，而世界需要這種價值。你的事業是你改變人們生活、在世界留下正面影響的機會。」

能夠提升銷售業績，同時對世界產生積極影響，這對許多企業主來說都是一個巨大的夢想與目標。這正是一個強而有力的產品優勢。

請記住：談論「好處」而非「功能」的人，成交率更高。強調解決方案帶來的實際利益，是成功銷售簡報的關鍵技巧。

這並不代表你的銷售簡報不會遭遇異議或質疑。你仍然有可能面對客戶的顧慮與挑戰。那麼，該如何處理這些異議呢？讓我們來談談應對之道。

處理客戶的五大常見異議

在第七章，你已經學習了處理客戶異議的基本概念。我們也提到過，客戶最先提出的異議，往往不是他們真正拒絕購買的核心原因。

掌握處理異議的技巧，關鍵在於提出足夠多的問題，深入挖掘客戶不願購買的真正原因。只有當你真正了解客戶的真實顧慮，才能有效解決，順利完成交易。

請記住，當客戶提出異議時，你絕對不能擺出防衛姿態，或者與客戶爭辯——這是新手業務員常犯的錯誤。

相反地，你應該感謝對方的回饋，表達理解，並立刻提出問題來繼續對話。記住：提問的人掌控談話的節奏。

準備好來破解一些真實的異議，讓「不」變成「好吧，我買」了嗎？以下是客戶最常提出的五大異議，以及如何運用銷售話術幫助他們改變想法。

（一）客戶認為價格太高

當客戶的主要異議是價格時，這幾乎從來不是因為他們真的負擔不起，而是因為他們尚未理解你的解決方案的價值。

為什麼他們不明白這個價值？很可能是他們沒有完全專注聆聽你的介紹。還記得我們之前討論過的嗎？許多人不是在聆聽，而是在等待自己發言的機會。這種情況在客戶身上也很常見。

如果你的客戶是企業主，在你解釋產品如何幫助他們節省營運成本時，他們的思緒可能已經飄走了，因此他們沒有真正理解這筆投資的回報。

這時候，你需要重新強調你的解決方案所帶來的價值，並讓客戶意識到，選擇不採取行動其實也是一種成本。

以下是一個對話示範，展示如何透過引導問題，幫助客戶重新評估價值：

客戶：「你的產品太貴了！」

銷售人員：「感謝你的回饋！請問你為什麼覺得它太貴？」

客戶：「嗯，我目前使用的會計系統每個月的費用只有這個的一半。我知道你的系統有一些額外的功能，但我覺得我應該還能繼續用現在的系統。」

銷售人員：「了解，我能理解你的考量。那麼，一開始是什麼吸引你來了解我們的解決方案呢？」

客戶：「哦，我擔心我們目前的系統已經不再受到原廠支援。系統開始頻繁出問題，我們不得不花越來越多的時間想辦法在內部找到解決方案，這嚴重影響了會計團隊的生產力。」

銷售人員：「我明白了。那麼，你有沒有大致估算過，這些生產力損失到底造成了多少成本？」

客戶：「天啊，光是我們技術最熟練的兩位會計師，每週至少浪費一整天的時間在修復這些問題！」

銷售人員：「哇，那對他們來說一定很挫折，對你來說也應該是一筆不小的損失。你有算過這些技術維修的時間成本嗎？」

客戶：「我還沒仔細算過，但這樣算下來，每週大概損失三千美元的生產力。而且，我還得額外聘請一名初級會計師來處理一些基本工作，他的年薪是六萬美元。」

銷售人員：「好，讓我們來看看這些成本。現在，你每年多花了六萬美元來聘請新人，再加上兩名資深會計師因低效能損失超過十五萬美元。而我們的解決方案每年只比你現在的系統多花四萬美元，但它不僅有完整的技術支援，還包括廠商提供的系統導入培訓，讓你的團隊能夠迅速上手，並且確保你的資深會計師能專注於真正重要的業務。那麼，你現在覺得這個成本如何？」

客戶：「哇，這樣一算，換新系統反而能幫我們省下大筆成本，看來這根本是不需要猶豫的選擇。」

如果你是在銷售一款高端消費品，比如一支高級鋼筆（這裡是舉例，以說明關鍵概念），價格異議的對話可能會是這樣的：

客戶：「什麼？我要花四百美元買一支筆？這也太貴了吧！」

銷售人員：「謝謝你的意見！請問你覺得這個價格高的原因是什麼？」

客戶：「我是說，這不就只是一支筆嗎？說到底，它能做的事情不還是跟一般的筆一樣？」

銷售人員：「嗯，你有注意到這支筆的收藏證書嗎？它不只是筆，而是一款收藏品。這款筆曾經被四位美國總統用來簽署法案，具有歷史價值。所以，你不僅可以用它來書寫，還可以在辦公室會議上用來吸引潛在客戶的注意力，展現你的品味與影響力。此外，你也可以將它妥善保存，讓它的價值隨著時間增長。這不僅是一支筆，而是一項投資！」

客戶：「哇，這麼說來……這支筆真的有四位總統使用過？這太酷了！我最近正打算投資一些不同類型的收藏品。而且，我知道我的某些客戶看到這支筆一定會超級興奮！」

請記住，價格異議通常與「成本」無關，而是與「價值」有關。如果你能夠讓客戶清楚了解你的產品所帶來的價值，他們通常會更願意接受價格。

（二）客戶說「我沒有時間」

這是銷售人員經常遇到的異議，特別是需要安排會議或預約的銷售情境中。不過，在零售環境裡，這種情況也時有發生。

當你問：「我們什麼時候可以安排時間見面？」或「你現在有幾分鐘時間讓我向你介紹這個解決方案嗎？」客戶可能會直接回應：「哦，我沒有時間。」

這時候，一名有經驗的銷售人員就會立即行動，想辦法讓客戶「擠出時間」來聽他介紹產品。

其中一種方法就是讓客戶意識到，擁有這個解決方案能幫助他們節省多少時間。當客戶理解到這值得花時間來了解，他們就更有可能願意聽你說下去。

以下是一個對話範例，展示當客戶說「我沒時間」時，如何巧妙應對：

銷售人員：「我可以給你快速演示一下這款產品的運作方式嗎？」

客戶：「抱歉，我現在沒時間。」

銷售人員：「那有沒有其他比較方便的時間呢？」

客戶：「我也不確定……我最近真的很忙。」

銷售人員：「最近發生了什麼事情，讓你這麼忙呢？或許我可以幫上忙？」

客戶：「我公司現在遇到了一些麻煩——我的工頭摔斷了腿，現在沒有其他人可以頂替他。」

銷售人員：「你知道嗎？幾個月前，我有一位客戶也遇到了類似的人力問題。他透過一家臨時工仲介公司找到了一位很優秀的替代工人，在他們的員工康復之前，讓生產線能夠持續運作。你要不要我幫你介紹這家公司？他們或許可以馬上幫你找到適合的人選，讓你的生產線順利恢復。」

客戶：「這聽起來很棒！真的很感謝你。我怎麼沒想到找臨時工呢？這件事發生之後，我的腦袋就像卡住了一樣，根本無法好好思考。」

銷售人員：「我完全能理解！那麼，現在你的勞動力問題有了解決方案，你覺得能抽幾分鐘來看看這個產品演示嗎？」

客戶：「當然，讓我看看吧！」

這位銷售人員成功與客戶建立了強大的信任感，因為他幫助對方解決了讓他分心的主要問題。

在這種情況下，客戶真正的問題並不是「沒時間」，而是「沒心思」去考慮新的解決方案。他們的注意力全都被其他問題占據了，根本無暇思考購買決策。

事實上，每個人都會為他們認為重要的事情騰出時間。而當我們說「沒有時間」時，其實是在說「這件事對我來說不是當前的優先事項」。你的工作就是向客戶展示，為什麼你的產品值得他們排入待辦清單。

你需要提醒他們，他們原本遇到的痛點，正是讓他們一開始願意了解這個解決方案的原因。如果即便如此，他們仍然不願意騰出時間，並且不斷找理由推託，那麼這場對話也該適時結束。

這樣說就對了

客戶不打算購買？你可以這樣說：

銷售人員：「看起來這項產品目前對你來說不是當務之急，對嗎？」

客戶：「對，我覺得我們的預算要到秋天才有可能考慮這類的資本投資。」

銷售人員：「了解，感謝你的坦誠回應。這是我的名片，到了那個時候，歡迎隨時聯絡我。」

有些客戶現在確實不是潛在買家。在這種情況下，你應該以正面的方式結束對話，因為他們未來仍有可能回來。同時，記得詢問對方是否可以在之後聯繫他們，看看他們的需求是否有所變化，或讓他們知道你之後可能會推出的新解決方案。接著，請確保你有完善的跟進系統，以便定期回訪這些客戶。

（三）他們說「我要再想想」

你已經完成了銷售簡報，但客戶卻想拖延決策：「我需要再考慮一下。」如果這是真的，那麼這位潛在客戶可能是因為某種原因而害怕做決定。這句話聽起來像是在猶豫，但通常代表他們內心有某種擔憂，而這些擔憂可能比表面上的遲疑更深層。

請記住，當客戶提出異議時，不要與他們爭辯。相反地，你應該引導對話，讓他們自己意識到問題的嚴重性。

以下是一個如何讓客戶改變想法的對話示範：

客戶：「我不確定……我需要再想想。」

銷售人員：「沒問題，我理解。可以請問一下，最初讓你感興趣的點是什麼？你當時希望解決哪個問題？」

客戶：「哦，對……我那時候是在想，我的員工生產力真的不行。」

銷售人員：「這對你來說最大的問題是什麼呢？」（這是一個我經常使用的標準問題。）

客戶：「我的產能根本達不到我想要的水準。我們現在有新客戶加入，需要提高工作效率，但我的團隊卻跟不上進度。我不得不增加人手來補救，這也讓我的薪資成本上升了。」

銷售人員：「我明白這確實是一個問題。如果你無法提升團隊的效率，會發生什麼事？」

客戶：「我原本是想讓公司成長，但這樣下去我們可能會破產！隨著業務增加，我的團隊反而越來越沒效率。現在他們的產能只有百分之五十，而且情況還在惡化。如果新聘的人也一樣沒效率，我們只會繼續燒錢在不必要的人工成本上！」

現在，你已經幫助客戶重新面對他們內心最深的擔憂，並且讓他們的問題赤裸裸地浮現在眼前。

趁著這股情緒仍然鮮明，你可以將對話轉回你的解決方案，並讓客戶看到它如何能幫助他們擺脫困境：

銷售人員：「你的員工產能低落，而你擔心公司會因此破產，對嗎？我能理解這種情況帶來的壓力。如果我們能提供一個解決方案，幫助你自動化大部分耗時的文書作業，讓你的團隊恢復高效產能，這會是你願意考慮的選項嗎？」

客戶：「當然！你可以給我看看它是怎麼運作的嗎？」

現在，你又成功將客戶帶回到你的產品演示中，並且大大提高了成交機率。

然而，有時候，客戶可能仍然會猶豫，例如他們可能擔心當前的現金流狀況不允許這筆投資，這可能是讓他們遲遲不願意做決定的關鍵因素。

那麼，你該如何幫助他們克服這道心理障礙呢？

銷售人員：「我明白你的擔憂——現在可能不是你覺得適合承諾購買的時機。你擔心這筆投資無法帶來回報，對吧？如果我能提供你一個三十天的無風險試用，期間內可全額退款，你願意試試看嗎？」

當客戶說他們需要再想想，這並不一定表示他們覺得你的解決方案不好。

事實上，客戶之所以說「我要再考慮一下」，往往是因為他們現在根本無法做決定。他們的思緒被當前的問題和焦慮占據了，讓他們無法清楚思考購買決策。

當你深入挖掘真正的問題，讓他們意識到自己的恐懼，以及你的解決方案如何幫助他們克服這些問題時，客戶就不再需要「考慮」了。因為沒有人會拒絕一個能解決他們內心最深層擔憂的方案。

此外，這並不是唯一的處理方式。當客戶說「我要再考慮一下」時，還有其他方法可以突破這個障礙。例如，我有一位朋友的做法是找出客戶更大的問題，並將其與原本的解決方案結合起來，創造更多的價值與機會，讓客戶不僅願意購買，還會覺得這是一次難以拒絕的交易。

大格局思維

多年前，我的朋友大衛正在幫助另一位朋友馬可，馬可是一名電台節目主持人，他的節目播放優質音樂。大衛幫助他尋找當地的企業贊助，特別是夜店業者，因為這些夜店可以邀請馬可到現場播報，以吸引更多客流量。

馬可告訴大衛，只要他幫忙談成任何合作案，馬可會給他百分之二十的收入分成。於是，大衛開始接洽當地的夜店業主，但大多數店主都抱怨贊助費太高。大衛開始做市場調查，實地走訪了多家夜店，包括經營良好的和經營不善的，並從中學到許多關鍵資訊。

他最後找到了一家客流量低迷的夜店。大衛向店主提議，馬可的節目可以幫助他帶來更多顧客。但店主猶豫不決，因為他認為馬可的費用過於昂貴。

大衛接著向店主提出，他不僅能幫助安排馬可的現場播報，還能提供其他幾個有效的策略來提升業績，但前提是店主必須聘請他來執行並管理這些方案。他的方案包括調整營業時間、舉辦特別活動之夜，並在多個媒體平台上投放廣告。

大衛終於成功讓這位業主簽下了一份為期一年的合約，這份合約同時涵蓋了馬可的電台合作，以及大衛提供的整體行銷計畫。合約中還包含了一個九十天的試用條款，允許店主在不滿意的情況下提前終止合作。

後來大衛負責執行行銷方案，再加上馬可——這位正在崛起的媒體明星，他擅長掌握觀眾的脈動，這兩者的結合讓這家夜店瞬間爆紅。

夜店老闆最終將大衛與馬可的合約延長，而且價格是最初的兩倍。

這個故事的啟示是：如果你想成為頂尖的銷售人員，記住要思考如何擴大交易範圍。要像大衛一樣，擁有跳脫框架的思維，總能找到創造收益的新方法。

如果你的第一個提案沒能讓客戶產生足夠的興奮感，導致他們說「我需要再考慮一下」，那麼你可以運用這些策略，思考如何讓你的提案變得更具吸引力，讓客戶不再猶豫。

（四）他們說「我沒興趣」

「我沒興趣。」——這是所有銷售人員最害怕聽到的話之一。

當然，這可能只是客戶想要敷衍打發你。或許他們只是誤入你的店鋪，實際上根本不需要你的產品。

但如果他們原本對你的產品有興趣，卻在你介紹解決方案後突然表示「沒興趣」，那麼這很可能與「價格太貴」的異議本質相同——也就是說，客戶還沒真正理解這個產品的價值。

我們之前談到過，有時候客戶並沒有真正專心聽你說話，所以他們錯過了你簡報中的價值主張。在這種情況下，重新回顧產品的好處，有機會扭轉局勢。

但也有可能情況剛好相反——也許是你沒有真正聆聽客戶。

或許，你已經做過這場銷售簡報上百次，甚至上千次，導致你在講解時精神恍惚，錯過了一些關鍵的客戶需求。

也可能，你的思緒早已飄走，進入「自動導航模式」，只是機械性地重複你的話術，心裡卻在想等一下要去超市買什麼。你的嘴巴還在講，但你的大腦已經暫停，只是等著尋找合適時機，開口要求客戶掏出信用卡完成交易。

如果你在對話中分心，很可能會錯過一些重要的線索，導致你的簡報沒有針對這位客戶的需求量身打造。這時候，當客戶說「謝謝，但我沒興趣」時，其實不是因為你的產品不夠好，而是因為你的介紹沒有真正吸引到他。

如果客戶一開始對你的產品有興趣，那麼你仍然有機會扭轉局勢。直接切入客戶最關心的「好處」，而不是產品的「功能」，就能讓你重新掌控對話。請參考「這樣說就對了」，看看如何應對這種情境。

這樣說就對了

客戶：「謝謝，但我沒興趣。」

銷售人員：「謝謝你。我很好奇，最初是什麼吸引你對這個解決方案感興趣的呢？」
客戶：「哦，我是想找個方法降低運輸成本。」
銷售人員：「這正是我們的解決方案所能做到的！我可以向你展示幾個這款軟體能幫助你節省運輸費用的方法嗎？」

（五）他們不是決策者

在我的銷售生涯中，我學到了一個重要的道理：客戶的自信心越低，他們越難做決定。

擁有強烈自信心的人會果斷行動，並且願意在事後處理可能的反對聲音——無論是來自老闆、配偶，還是朋友。他們不太在乎別人的意見，如果他們喜歡某個產品，他們就會買，事情就這麼簡單。

然而，許多人並沒有那麼強的自信。所以，當真正要拿出信用卡購買時，他們開始猶豫不決。購買金額越大，這種猶豫的情況就越常發生。

如果你的客戶說「我不是這筆交易的決策者」，或者「我要先問問我的老婆／老闆／朋友」，那麼你可以使用一個巧妙的話術來應對。

關鍵技巧在於——接受他們的顧慮，並持續以「人與人」的方式對話，直到他們對購買決策感到自在。

成功應對「我要問我老婆」的情境

客戶：「我真的需要先跟我老婆討論一下這件事。如果我沒有讓她參與重大購買決策，她會很生氣。我負責家裡的財務，但她還是會想要表達意見。」

銷售人員：「了解，這是件好事。我也建議你跟你老婆討論這項投資。我老婆也是一樣的。我可以問一下，對你的老婆來說，什麼才是她認為重要的事情？她會希望看到什麼樣的結果？」

客戶：「她是那種特別擔心風險的人。我們的預算能夠負擔這筆投資，但她總是擔心我們的財務變化。一旦我們做了投資，她就會全程關注，並且想要學透所有細節。」

銷售人員：「我懂你的意思。這可能有點個人，但我可以分享一下我自己是怎麼處理這種情況的嗎？」

客戶（笑）：「當然。」

銷售人員：「我發現了一件事，我的老婆不喜歡被逼著同意，她不會接受被說服。」

客戶：「這聽起來就像我老婆。那你是怎麼做的？」

銷售人員：「如果我想買某樣東西，但又不想讓她覺得我是背著她決定的，我會這樣說：『親愛的，妳能幫我看看這個我想買的東西嗎？我真的很重視妳的意見。我過一兩天再來問問妳的想法。』

如果我這樣做——給她充足的時間，而不是施壓——通常她會在二十四小時內給我回應。」

客戶：「嗯……這或許有用……」

銷售人員：「如果你能先支付可退款的訂金，這筆投資就能保留四十八小時。我可以幫你準備一份完整的資料包，你可以帶回去給她看，裡面包含詳細資訊與許多正面推薦。這樣，你就能用一種輕鬆、不帶壓力的方式，給她兩天的時間來考慮——我敢打賭，她會很快給我們回應。」

客戶：「聽起來是個不錯的方法。」

當你真正深入了解客戶的問題，以友善、無壓力、非強迫推銷的方式與他們對話，客戶會感受到你是真心關心他們的需求。這時，他們不會去想自己其實正被巧妙地引導進行購買決策，即使在潛意識裡可能隱約意識到了這一點。

相反地，你可以讓自己被定位為「幫助解決問題的人」，而不是一個單純想賣東西的銷售員。現在，原本可能因為客戶「需要詢問配偶」而破局的交易，變成了一個有計畫的成交流程，而且很有可能在接下來二十四小時內順利成交。

保持對話進行

當客戶提出異議時，記住你永遠可以這樣回應：「能不能多跟我說說這方面的情況？」

保持對話的流暢性，尋找機會真正幫助他們。只要對話還在進行，你就還在這場銷售中，並且正在建立更深的信任關係。

在這個來回的對話過程中，你可能會找到一個機會，提醒客戶他們最初為什麼會對你的解決方案感興趣——也就是，他們試圖解決的「痛點」。這時，你就可以重新引導他們回到你的解決方案所帶來的價值。

然而，如果客戶仍然覺得這不是當前的優先事項，或者你感覺他們只是想要打發你離開，那麼你應該以積極、友善的方式結束對話，然後轉向下一位潛在客戶。

不要糾纏不放，也不要讓談話變成一場拉鋸戰。保持輕鬆、正向的態度，因為即使這次沒有成交，對方仍有可能回頭找你購買，或者將你推薦給朋友或同事。

請記住，每一位你交談過的人，都是你潛在的推薦人。

避免讓異議引發對「被拒絕」的恐懼

在第四章我們談到了害怕被拒絕會讓許多人無法成功銷售。

那麼，在銷售對話中，最容易引發這種恐懼的時刻是什麼？就是當客戶提出異議的時候。這時候，你的大腦可能會開始警鈴大作，讓你覺得自己即將被狠狠拒絕，甚至可能感到尷尬或羞辱。

正如你從前面的技能訓練示例中所看到的，克服客戶異議並不困難。這是每一位銷售人員每天都在做的事情。真正的問題並不是客戶的異議，而是你對「被拒絕」的恐懼。

當你聽到客戶提出異議時，你會立刻害怕被拒絕，並開始預想最壞的情況。你可能會覺得下一秒客戶就會轉身離開你，甚至想像整間店的人都在看著你失去這筆交易，或是你的銷售團隊裡的同事再次看到你掛斷電話，卻沒能成交任何訂單。

被拒絕的恐懼會讓你的大腦當機，讓你無法冷靜思考該如何回應。你的反應會變得結結巴巴，像一條缺氧的金魚一樣，張嘴卻說不出話。

這就是為什麼練習應對異議，並與夥伴進行角色扮演是如此重要。當你反覆練習，回應異議就會變得像醫生用小槌子敲你的膝蓋時的反射動作——自然而然地發生，無需刻意思考。

這樣做的好處是，當你聽到客戶的異議時，即使「害怕被拒絕」讓你的大腦短暫停擺，你的自動反應仍然可以幫助你迅速應對。

請記住：當你的情緒高漲時，你的理性就會下降。你是否曾經在盛怒之下脫口而出一些話，事後卻後悔莫及？這就是因為當時你的情緒超過了你的理智。

做為一名銷售人員，你需要訓練你的大腦路徑，讓自己對異議不再產生情緒化反應，因為異議本來就是商業對話中正常的一部分。你要從「害怕被拒絕而感到受挫」，轉變為「對客戶的異議感到好奇，想要深入了解原因」。

透過持續練習，讓自己在面對異議時不帶情緒，你將能夠自然而然地回應對方，並且保持冷靜。這樣，當關鍵時刻到來時，你會自信地知道該說什麼，而不會讓情緒干擾你的談話節奏。

這樣說就對了

以下是三句經典話術，可以幫助你保持對話進行：

1.「真的嗎？為什麼這麼說？」
2.「這方面有什麼問題呢？」
3.「很有意思，能不能再多說一點？」

當你聽到異議時，保持冷靜，讓對話繼續下去。只要持續練習，你就不會再因為客戶的異議而觸發「害怕被拒絕」的情緒反應。

五個讓成交更輕鬆的祕訣

在第七章你學到了七步成交過程。當你進入成交階段時，該是全力投入你的熱情和活力的時候了，這些能量有助於說服客戶，讓他們相信你的解決方案對他們來說是個好選擇。那麼，哪些技巧能幫助你更順利地完成這一過程，並成功成交更多交易呢？我有四個好主意，能幫助你提升成交的能力。

（一）用試探性成交來讓客戶熱起來

經驗豐富的銷售人員成為成交高手的原因之一，就是他們不等到「正式成交」才開始行動。他們使用一種叫做「試探性成交」的方法。

試探性成交是怎麼運作的呢？當你介紹解決方案時，你會持續提出一些問題，這些問題其實就像是正式成交時要說的話的縮小版。在你講解過程中，你會不斷檢查自己是否跟客戶保持一致，並且提出一些問題，這些問題的答案很可能是「是」或「否」。

這樣說就對了

「是」的問題：

- 「這樣聽起來適合你嗎？」

- 「你覺得自己穿上這件衣服會怎麼樣？」
- 「這會解決你目前面臨的挑戰嗎？」

「否」的問題：

- 「有什麼原因會讓這個解決方案無法實行嗎？」
- 「你還想繼續賠錢嗎？」

試探性成交不僅能幫助你確認自己在簡報過程中是否走在正確的路上，它還能在客戶腦中留下問題，讓他們記得你提供的解決方案正好解決了他們的問題。這樣，他們會一次又一次地對正面的結果說「是」。

另一方面，有時候，讓客戶說「不」比讓他們說「是」更具力量。你可以試著進行實驗，看看效果如何。透過這些預成交問題的提問，你為正式成交鋪平了道路，這樣當你開始進行最終的成交時，就不需要太多額外的努力，直接達成成交。

（二）揭示隱藏價格

在你的成交過程中，你可能會有一個祕密的、較低的價格優惠，這是你在最後階段提出的。我們都知道，有批發價格、零售價格——然後，還有你能提供的最低優惠價格。

如果你打算在成交時提出這個較低的價格，有一條非常重要的規則需要遵守：一定要有一個合理的理由，解釋為什麼現在能給他們這個更好的價格。

這並不是說你之前對他們隱瞞了什麼，而是因為你已經了解他們的需求，並且現在有一個充分的理由來提供更優惠的條件。

例如，當我銷售辦公室設備時，我可能會這樣說：

「我的老闆說，我需要再完成兩筆銷售來達成配額，所以我現在能夠提供這個特別優惠價格來實現這個目標。」

我也常在我的銷售訓練周末中使用這種方法來揭示隱藏價格。

以下是我自己的「祕密價格」話術：

「你還對這個銷售課程感到興奮嗎？你有興趣？好的，我希望這能成行，所以我準備做點特別的事情。

我之所以要這麼做，是因為我已經和你們一起度過了整整兩天。你們花了不少錢來參加這次訓練，所以我知道你們是對的人——是那些會從我的進階銷售訓練中獲益最多的經理人。我希望能把你們的成功故事放在我的網站上。我每年只來一次台灣，所以我真的希望能把對的人選擇進這個小組。你們是那群對的人嗎？」

（觀眾中的每個人都舉手了。）

「我要做的是：我將為那些在下個休息時間購買課程的經理額外提供一個獎勵。你可以讓你的夥伴以半價參加這個進階訓練。其實，你們一起學習這些技能，會比單獨學習後再回去與有不同方法的夥伴形成衝突來得好。這就是我能提供的最後一個獎勵：你的夥伴可以半價參加。」

此時，我會公布價格，這個價格不到七千美元。所以對於夥伴來說，只需要三千五百美元，以每人計算，這是一個很不錯的交易。與此同時，對我來說，每家企業就是超過一萬美元的收入。

如果你猜到我提供的四十個進階訓練名額在下一個休息時間就銷售一空，那你猜對了。

（三）提供兩個選項

通常，你會有不止一個解決方案可以提供給客戶。在這種情況下，如果你不確定客戶最想要的是哪一個選項，你可以在成交時提供兩個解決方案讓他們選擇。

你已經讓客戶對你提供的產品產生了興趣，但如果還沒提到價格，你可以這樣說：

「根據不同的預算，我們有幾個方案可以提供給你。現在看的這款沙發價格是六千美元，包括兩個邊桌、一盞燈和光滑的皮革外觀。不過，如果你非常喜歡這款沙發，並且能接受少一些配件，你可以用原價的一半買到同樣型號的沙發，這款使用的是超柔軟、非常耐用的布料。那麼，你想選哪一款？」

這種方法經常能促使客戶選擇更昂貴但品質更好的選項。如果效果不如預期，且你有一定的靈活度，你可以使用「祕密價格」的方法來完成交易。

在這種情況下，你可以告訴客戶你有達成配額的壓力——而且，既然你已經花了這麼多時間討論，你能夠以三〇％折扣的價格提供這款沙發，並包括所有配件。但這樣的優惠只限於客戶今天支付訂金（或者根據你手頭的其他時間限制或急迫條件而定）。

（四）提問時間結束

我已經多次提到過向客戶提問的重要性，但到了成交階段，問題時間已經結束——此時你要告訴客戶你所提供的產品或服務。然後，你要直接要求成交：「這個方案合適嗎？」接著保持沉默。不要不斷重複自己說過的話。你已經說明清楚了，現在決定權在客戶手中。希望這時候客戶的回答是「是的」。

（五）以行動號召結束

當你準備結束交易並完成銷售時，你必須告訴客戶他們該怎麼做才能購買你的解決方案。這部分非常重要——你不能假設客戶知道該怎麼做！如果你忽略了行動號召，很可能會錯失銷售機會。

這正是我一位朋友的案例。他發明了一個很酷的尼龍口袋，可以附著在跑步鞋上，用來放鑰匙和駕照。在跑步潮流剛起步的時候，這應該是一個非常實用的產品，但他卻很難找到銷售管道。

當他推出這款鞋袋時，他決定全力以赴，進行一場大型的平面廣告行銷活動。這些廣告在《Playboy》和戶外運動類雜誌中持續刊登，廣告的風格性感又充滿冒險感。

然而，他完全沒有收到任何訂單，結果非常沮喪。

六個月後，我朋友參加了一場極限運動展覽會來展示他的產品。他設置好攤位後，一位男子走了過來。

「哦，嘿，」那位男子說，「你是X公司嗎？我看過你們的廣告！」

我的朋友心中燃起一絲希望，他開始覺得那些廣告或許還能帶來回報。

「能給你點建議嗎？」那位男子繼續說，「下次，當你花這麼多錢做廣告時，記得在廣告裡放上你的聯絡方式。」

原來，他的廣告根本沒有行動號召！廣告展示了產品和品牌，卻沒有告訴客戶如何進一步行動，如何購買這個鞋袋。

故事的啟示是：了解並在成交過程中清楚說出你的行動號召。

該使用什麼樣的行動號召？這取決於具體情況。以下是一些常見的行動號召：

掃描此QR碼

點擊此連結

我需要信用卡訂金

請前往會議室後方的桌子

無論你所在的公司選擇什麼樣的方式來收取客戶費用，它必須簡單易懂且方便客戶操作。

你已經用你的熱情、試探性成交和隱藏的最終價格創造了一個火熱的成交時刻，現在該是要求承諾的時候了。

如何像專家一樣進行後續跟進

在第七章中，我們談到了三個後續跟進的重要步驟：

1. 檢查進度，確保你的解決方案運作順利，並解決任何問題。
2. 請求客戶提供推薦信。

3．請求推薦人。

聽起來這些步驟相當簡單，但要怎麼進行得當，最終獲得大量推薦和優秀的推薦信呢？首先，想想如何利用檢查進度的時機來重新建立與客戶的聯繫。只有當客戶喜歡你並且感受到與你的連結時，他們才會願意給你推薦信或推薦人。

獲取優秀推薦信與大量推薦的祕密

你可能會想知道，如何才能得到一份能在簡報中為你帶來成交的強力推薦信？這裡有個祕密：客戶並不直接寫推薦信，是你自己寫。然後，你只需要讓他們同意簽字。

你的客戶並不是銷售人員，也不清楚什麼樣的推薦信才算是強而有力的。既然你已經在第七章中學到：希望有一個引人入勝的前後對比故事來展示客戶的成長與改變，那麼你就應該主導這個過程。

打電話給你最好的五位客戶，邀請他們一起喝咖啡或吃午餐。（如果你是在線銷售，可以請他們在視訊會議上與你會面。）

見面時與他們聊一聊，了解一下他們的近況。問問他們在找到你的解決方案之前遇到了什麼困難，他們所經歷的痛苦。接著，問問他們現在的生活如何，讓他們可以詳細描述因為你的解決方案，他們的情況有了多大的改善。

請求具體的數據，比如他們公司銷售增長了多少，這樣的具體數字能讓推薦信更具說服力。

一旦你收集到足夠的資料來寫出一份出色的推薦信，請求客戶允許你使用他們的話做為推薦信。如果他們同意，告訴他們你會寫好推薦信並發給他們審核。記得拍一張頭像照片來搭配推薦信，這樣你就能將這次小小的會議轉化為一篇極佳的推薦信。

當你的客戶心情愉快時，這正是請求推薦的最佳時機。你可以這樣結束對話：

「謝謝你提供推薦信，讓我可以在行銷中使用。你覺得你的朋友或業務同事之中，是否有人也會從我們的解決方案中受益呢？」

在這種溫暖、友好的對話氛圍中，這應該是一個輕鬆的「是」。

將所有要素結合起來

「柴克，恭喜你完成了所有銷售的關鍵要素，」我在幾個月的訓練後對他說，「這過程很長，我知道！我很好奇，你學到了什麼？從這一切中，你最大的收穫是什麼？」

「你必須銷售自己，了解銷售的步驟，並掌握技巧，」柴克一邊說，一邊用手指頭數出這三個主要要素。

「完全正確，」我說，「當你把這三個面向結合在一起時，你就會成為最終的銷售高手，就像我一開始展示給你看的「銷售三角形」圖一樣：

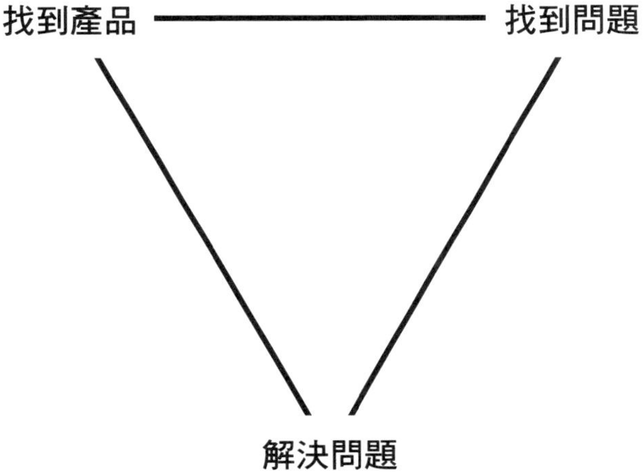

「你知道更棒的是什麼嗎？一旦你學會並練習了這三個銷售的基本要素，你就不僅僅能成為一名優秀的銷售人員。

當你建立自信並積累了銷售經驗後，你可以運用你的銷售能力走得更遠。你可以選擇利用銷售能力在職業生涯中進步，或者像你一開始告訴我的那樣，成為一位企業家，創辦自己的公司。」

「哦，我們終於要談到真正的重點了！」柴克笑著說，露出了大大的笑容。

「你有沒有想過，是否能在目前的瓶裝水銷售工作中升遷呢？」

「這麼說來還挺有趣的！」柴克回答，「他們剛開始和我談論成為銷售經理的事。」

「太好了！那我們來談談，如何運用你學到的銷售技巧來進一步提升你的職業生涯。」

想清楚你真正想要的是什麼——然後，大膽提出來。

如果你夠有膽識，你甚至可以主動提議降低保底薪資，來換取幾個百分點的佣金提升。

Chapter 9

銷售職涯

一旦你掌握了銷售技巧，接下來有幾種方法可以將你的銷售職業提升到下一個層次。你可以選擇：

- 談判加薪
- 尋找提供更高薪酬的公司
- 成為銷售經理
- 轉型為其他企業領導角色
- 創辦自己的公司！（第十章會深入探討這個選項）

就我個人而言，我沒有通過銷售技能在公司內部晉升，因為我並不是那種擅長辦公室政治的人——辦公室的權謀我不感興趣，而且我也不喜歡有上司。此外，一旦你掌握了銷售，世界就完全對你開放，你會有更多的選擇。

然而，對於那些喜歡在大型組織中運作的人來說，成為銷售經理是一條可行的職業路徑。這就是為什麼思考自己長期運用銷售技能的方式非常重要。

當你已經擅長銷售後，你需要運用你所發展出來的創造性思維來確定你想要的職業道路。

你是想繼續待在前線銷售工作嗎？還是想成為銷售經理？是否希望說服管理層讓你

轉到新部門？還是想創業？思考一下你希望在五到十年後身處何方。然後，開始朝那個方向開創道路。

你不希望做的事是：在早期的銷售工作中感到安逸，然後就永遠停滯不前。不要讓自己習慣於停留在同樣的銷售角色中，永遠不往上爬。雖然這樣可能會感覺舒適，但你不太可能獲得高收入。長時間做同樣的銷售工作，你會停滯不前。當你不再面對新挑戰時，人就會停止學習、成長，並且變得不再進步。

如果你拿起了這本書，你大概有追求自我提升的慾望。不要忘記這份動力。記住，保持前進，別讓自己陷入困境。

把每一天都當作一個學習的工作坊，它是學習新技巧的機會。始終思考你的職業計畫，並尋找機會，讓自己邁向職業生涯的下一步。否則，你會停留在當前雇主希望你待的地方，而不是達成自己真正想要的目標。

企業銷售工作或高層管理職位是否適合你？讓我們來看看所有可能的選項。

向你的上司推銷自己

當你在銷售領域工作了一段時間，並且建立穩定的業績紀錄後，你可能就有機會為自己爭取更好的條件。所有銷售人員應該記住，他們通常是以入門薪酬方案被聘用的。

通常，除非你主動提出，不然你可能會一直停留在這個薪資水平，直到你告訴他們你現在對公司更有價值，並且對解決方案有了全面的了解。

要為加薪談判做好準備，你可以先蒐集來自客戶的正面回饋，並整理自己的銷售數據。你是否是每個月都名列前茅的銷售員之一？或是你擁有最多的加購紀錄，使你成為利潤最高的銷售人員？將你穩定優異的銷售紀錄與正面的客戶回饋結合起來，你就擁有了所有談判更好薪資方案所需要的籌碼。

最重要的是，要展現出自信：你值得更高的待遇。

請記住，提升薪酬有很多種方式。理想情況下，你應該準備好幾個方案，來提議改善你的薪資結構。也許你應該有更高的底薪保證，或者是更優的佣金計算方式，讓你能從銷售額中獲得更高比例的收入。如果你比較在意工作與生活的平衡，也可以選擇爭取更多休假時間。

想清楚你真正想要的是什麼——然後，大膽提出來。

如果你夠有膽識，你甚至可以主動提議降低保底薪資，來換取幾個百分點的佣金提升。

這樣說就對了

在加薪談判中可以提出的重點包括：

- 你在公司任職多久
- 你的銷售數據與排名
- 所獲得的獎項（例如：月度最佳銷售員等）
- 客戶給予你的正面回饋
- 根據你所創造的更高價值，提出更好的薪資方案

在你提出加薪要求之前，有一項關鍵的決定要先做：你這次的談判是「提案」，還是「最後通牒」？

如果對方無法接受你的條件，你是否已準備好選擇離開？你應該在會面前就先想清楚這一點，因為這會直接影響你在談判時的語氣與態度。

最終，如果你無法在目前的工作中拿到你認為自己應得的報酬，那可能就代表是時候尋找更好的機會了。如果你的銷售能力夠強，找到一家願意提供你更好條件的公司應該不會太困難——因為優秀的銷售人才永遠供不應求。

在銷售界，越大越好

有些人會在銷售領域待上一輩子，因為他們熱愛銷售這門藝術。說服客戶接受自己的解決方案、拿下大筆訂金、成交一筆大案子，或是在團隊中拿下本月銷售冠軍的那種

刺激感——他們全都熱愛。

而這樣做一點問題也沒有。你完全可以在銷售崗位上持續累積收入，只要你願意把眼光放得更遠大。

亮點妙想

你是不是因為覺得貴的東西比較難賣，所以只選擇銷售低價商品？這裡有個來自資深銷售員的祕訣：銷售一個昂貴的產品，所需的努力通常跟銷售一個便宜的產品差不多。所以，選擇銷售高單價商品。你不僅可能賺得更多，還有機會在更高層次、更有品質的工作環境中發展。

「柴克，你現在賣的是瓶裝水，對吧？」我說道，「你通常簽下一筆交易的金額是多少？佣金是多少？」

「我每簽下一個客戶，大約能拿到二十美元的佣金。」

「你可以更擅於賣水，靠多簽一些單來提高收入。不過，你應該已經算過了吧？」

「對，」他說，「就算我拚命賣，我也不太確定這些佣金加起來，夠不夠讓我買那台我想要的藍寶堅尼。」

聰明人！真正能改變你薪水規模的，是去銷售高單價的商品，獲得更高的佣金。像是賣車、賣船、賣房，或者像我在夏威夷那樣，銷售昂貴的辦公設備。

在銷售這件事上，只要是合法的，高單價商品幾乎永遠是更好的選擇。

高價商品通常有更高的利潤，這也意味著公司會有更多的佣金空間可以分給你。如果你能賣出一套價值一百萬美元的軟體系統給大型企業，或者賣出數百萬美元的醫療設備給醫院，那樣的佣金足以讓你過上夢想中的生活。

但你現在工作的公司，不太可能會主動幫你跨出這一步。這完全取決於你自己，要不要主動為自己尋找更好的銷售機會。如果你想打造一個長久的銷售職涯，就要持續觀察市場動態，尋找更優渥的機會。

那麼，一旦你找到了理想的機會，該怎麼成功爭取那個職位呢？

你要在面試中把自己「銷售」出去，向新的銷售主管展現你的價值。沒錯，面試本身就是你再次發揮銷售能力的機會。

搞定面試

成功銷售的關鍵在於提問，這一點在求職面試中也同樣適用。你必須弄清楚，眼前這家公司是否能讓你獲得成長的機會。以下是一些你可以在面試中提出的好問題：

- 如果我加入這裡，在個人成長方面我可以有什麼期待？
- 如果我在這裡工作，我可能會成為什麼樣的人？公司有晉升機會嗎？
- 我可以和幾位頂尖銷售人員聊聊他們在這裡的經歷嗎？
- 一般來說，銷售人員在這家公司待多久？
- 在這裡，很多人都在銷售部門表現優秀嗎？還是只有少數幾個人？
- 身為銷售人員，我會獲得什麼樣的支持？
- 公司提供什麼樣的銷售訓練？訓練多久舉辦一次？
- 做為一名銷售代表，如果我遇到超出我原本職責範圍的大型商機，公司會如何支援我？
- 這家公司的遠景是什麼？更高層的目標是什麼？

你在職涯上選擇的方向非常重要，因為每一份工作都會塑造你未來的能力。我當初加入博羅公司做商用機器銷售時，完全沒打算在那裡做到退休。我的計畫是只待三年，因為我知道他們擁有業界最頂尖的訓練系統之一，我會從中學到很多。這段經歷也確實為我的成功奠定了基礎。

所以，永遠要謹慎選擇你的下一份工作。

別忘了，當你面試新的銷售職位時，展現熱情與興奮感是非常重要的。銷售經理想看到的是你的能量與贏家的態度。

銷售管理職位與職責

雖然有些人熱愛銷售的藝術，一輩子都不想離開第一線，但隨著時間的推移，有些人會開始意識到，他們更有興趣擔任領隊而不是隊員。他們希望教導他人、啟發團隊、引導大家達到新的高度。

有些銷售人員也會對經理的做法感到挫折，他們知道自己有比團隊會議上聽到的點子更好的想法。他們會在深夜中思考該怎麼激勵團隊賣得更多，或是在腦中編寫更有效的銷售話術。

如果你對以上這些想法有共鳴，那麼成為銷售經理就是你邏輯上的下一步。但銷售管理真的適合你嗎？以下將介紹銷售人員常見晉升的管理職位，以及每個職位的職責。

團隊領導

當你在銷售團隊工作時，每天都能看到一位團隊領導者在運作。如果你有興趣往領導職位邁進，那麼觀察他們的行動非常重要——不管是成功或失誤都值得學習。

而不論你的團隊領導負責的是一個大團隊還是小團隊，他們的基本任務都是相似的。

有些團隊領導仍然會親自參與銷售，特別是當團隊成員在成交上遇到困難時；但也有許多團隊領導的薪酬是完全根據團隊表現來計算的。因此，他們可以說是吃、喝、呼吸、流血、做夢都是銷售數字。

為了推動更多銷售，他們可能會：主持並帶領團隊會議、設計比賽來激勵團隊、說明新產品與促銷方案、舉辦訓練課程，並且擔任每位銷售人員的一對一導師。當月底接近時，團隊領導就是那個點燃火焰的人，激勵團隊在月底前完成更多成交。

團隊領導的角色可能是個辛苦的位置，因為你處於中階管理層。雖然團隊領導通常在如何帶領團隊上有些彈性，但他們並不是最終決策者。他們必須遵循來自更高層級銷售經理的指示與目標。

區域銷售總監

這個職位通常是從團隊領導晉升而來的下一步，特別是在大型公司中。如果公司在國內不同地區或在文化偏好各異的國家都有銷售業務，那麼公司可能會希望設立區域銷售總監，專門負責推動各區域的銷售成績。

舉例來說，如果你經營一家連鎖餐廳，在西雅圖你可能需要備足更多咖啡飲品，而在美國南方則要多準備冰淇淋。

區域銷售總監的任務就是對自己負責的地區瞭如指掌。目標是運用你對當地市場的了解來爭取競爭優勢，並幫助整個區域提升銷售。

區域銷售總監，你將開始擁有更多的決策權。這是因為你帶來了在公司層級會議上無可取代的在地經驗與洞察。你就是那個願意搭飛機、租車，親自走進辛辛那提或巴塞隆納門市的人。

你與團隊領導、銷售人員面對面交流，瞭解他們的第一手觀察，並且分享其他團隊領導的情報，在整個區域內分享經驗與最佳做法。

你與街上的人、你的客戶，甚至可能還與競爭對手的客戶聊過。你觀察過門市周邊的人流動線，閱讀當地報紙，並帶回新興趨勢的市場洞察。

你可能會被指派去訓練其他團隊，或向他們介紹新產品。當你提出能讓你所屬區域創新並提升銷售的建議時，如果你所在的是一家良好的企業組織，你的上級會願意傾聽。

有些人非常喜歡這個角色，並會在這個職位上一路做到退休。他們也許會在某個時候調換區域，負責不同地區的銷售。如果你喜歡旅行，也享受不被辦公室限制的工作型態，這個角色可能非常適合你。

但要注意的是，要確保你在區域銷售總監的角色中持續進步，而不是陷入停滯。身為區域銷售總監，你的地位高於團隊領導，但你還不是整個組織中的最高層級。

此外，你會面臨來自其他區域銷售總監的績效競爭壓力，而且你通常仍然要接受上層主管的指示，這位主管負責管理所有的區域銷售總監。

如果你總是被上級指令綁住而感到挫折，或是你希望自己能對整間公司產生更大的影響力，那就繼續往上晉升，挑戰更多的權限與責任。

根據你所在企業的規模，下一步可能會是銷售經理或銷售副總。如果你準備向上邁進，這些職位就是你的下一個目標。

銷售經理／銷售副總

在所有區域銷售總監之上（或在小型公司中，則是團隊領導之上），就是整個銷售部門的負責人。這個角色的職稱可能有所不同，但本質上你就是銷售經理，負責掌管整體銷售運作。

這是一個高壓但高報酬的職位。你終於有了制定策略的自由，可以核准銷售話術腳本、設計領導訓練課程、與行銷部門協調合作，並參與行銷活動的規劃與決策。你將掌控銷售的每一個面向。如果你表現得好，你將享有優渥的生活品質與高薪，因為銷售部門是整個企業的生命線。

如果你讓銷售業績提升，你就是公司的英雄。當然，如果在你的領導下業績下滑，你可能會丟掉這份工作。但對許多具衝勁的銷售人才來說，他們反而享受這種高風險、高回報的壓力，並能在這個頂層職位中表現出色。

你適合當主管嗎？

許多銷售人員嘗試轉往管理職位，卻發現那根本不適合他們，我的哥哥提姆就是一個例子，他是個非常出色的銷售員（現在已經退休了）。他的銷售成績非常亮眼，因此他的上司常常升他為銷售經理。

他也的確多次嘗試擔任銷售經理，但最後還是選擇放棄。因為他無法接受自己成敗竟然取決於團隊成員的表現。

他對我說：「我不喜歡得仰賴別人！他們懶散又老是在鬧事。讓我一個人去賣東西就好。」

要成為一位有效的管理者，你需要對「影響並教導他人」這件事抱有熱情，並且能適應一對多的管理場景。你依然會使用你的銷售技巧，因為你必須說服你的團隊配合你的方向，但管理還需要你真正願意投入時間，幫助別人成功。

如果你不喜歡評估他人的表現，或不願意花時間協助他們成長與改進，那麼管理職位可能不適合你。

考慮晉升為銷售經理還有另一個理由：這個職位常常是通往企業高層職位的跳板，而那些職位則能帶來更大的挑戰與更豐厚的報酬。

高層職位

如果你有興趣往企業高層晉升，或想探索公司其他部門，你的銷售實力將成為你的優勢。你可能會從銷售經理轉任行銷經理、負責策略合作，或領導新事業開發。你對客戶的深入了解，甚至可能讓你成為產品開發部門的重要資產。

最終，你在公司內部的晉升之路可能會把你帶向最高的位置：執行長（CEO）。

美國許多知名的公司創辦人與執行長都是從銷售起家的，以下只是其中幾個例子，像是：

- 星巴克創辦人霍華德・舒爾茨（Howard Schultz），曾在全錄（Xerox）擔任銷售。
- 波克夏・海瑟威傳奇人物華倫・巴菲特（Warren Buffett），早年從事投資證券銷售。
- 《創智贏家》節目的連續創業家馬克・庫班（Mark Cuban），曾經逐戶銷售垃圾袋。
- 羅伯特・赫爾賈維克（Robert Herjavec），銷售 IBM 主機電腦。

「柴克，你覺得從銷售一路做到大型企業的 CEO 如何？」我問他。

「聽起來不錯，」他回答，「但 CEO 不都是受雇的職業經理人嗎？」

「通常是的，沒錯——不過我剛提到的那些 CEO 都是自己創辦公司的。」

「我想我還是比較想自己創業。」

「那我們就來談談這件事吧，」我回答，「就像我一開始告訴你的那樣，銷售就是成為企業家的最佳訓練。」

從銷售人員轉型成企業主，往往是一個自然發生的過程，隨著你的心態轉變而來。當你越來越擅長展現自信、順利成交，你會開始看到更寬廣的未來。

Chapter 10

從銷售人員到企業主

當你已經是一位成功的銷售人員，轉型成為企業主通常是一個自然的過程。這兩個角色的共同點在於，都是要讓人們去做他們原本沒有動機去做的事情。企業主同樣需要說服他人改變行為、購買產品，或是相信他們對成功的願景。

在銷售工作中，你已經建立了自信心，而這正是企業主不可或缺的特質。你需要讓團隊成員願意跟隨你的領導，說服供應商與你合作，甚至有可能需要說服投資人支持你。這正是銷售與領導力結合的地方。

不過也要提醒一點：擁有銷售技巧是成為有效率的企業家的首要條件，但絕對不是唯一的條件。你還需要具備其他技能，包括現金流管理——花得比賺得多已經讓數以千計的企業倒閉——團隊與系統的管理、對法律問題的理解，以及更多其他能力。雖然銷售技巧為你打下良好的起點，但你必須意識到，要讓你的事業穩定發展，還有很多事情需要學習。

如果你已經晉升為銷售管理職位，那你也正在發展自己領導、激勵和鼓舞他人的能力。你或許也已經對事情該怎麼做有了強烈的看法。而且你已經在市場中打滾夠久，能夠察覺到哪些地方可能存在推出新產品或服務的機會。

這些條件組合起來，正是一個創業的成熟配方。

跨出那一步

對許多想要成為企業家的銷售人員而言，那個關鍵時刻常常源自一個個人的痛點。一位準創業者找不到計程車，於是創辦了優步（Uber）；另一位覺得飯店太貴，於是打造了Airbnb；或者，你只是注意到身邊的人在某件事上總是苦惱不已，而你開始思考：有沒有一個更方便的解決方式？當你去研究後發現市場上根本沒有，於是你決定自己來創造一個。

大多數人在腦中浮現創業點子時，都不會真正付諸行動——因為他們害怕冒險。他們對要怎麼把這個方案賣出去沒有概念，所以整件事看起來就像遙不可及的夢。

相反地，成功的銷售人員往往會選擇跳下去，因為他們知道自己能夠把東西賣出去。他們很容易就能想像自己要怎麼創造營收。

從銷售人員轉型成企業主，往往是一個自然發生的過程，隨著你的心態轉變而來。當你越來越擅長展現自信、順利成交，你會開始看到更寬廣的未來。

我出生在一個乳牛農場。那對小孩來說是個不錯的地方，但我不想在那裡度過一輩子。當我學會銷售，我就意識到自己的機會是無限的。我可以自己創業，塑造自己的命運。那也的確是我後來做的事——我已經當自己的老闆四十年了。

你曾經為一位糟糕的老闆工作過嗎？那麼好消息來了：你的銷售背景也會幫助你成為那種正確類型的領導者。優秀的領導者並不是在展現權力，而是在激發他人潛力。當你在他們身邊時，你會想變得更好。

這樣的互動，聽起來是不是和一位優秀的銷售人員與客戶之間的交流非常相似？你已經學會，當你是懷著真誠的心態想幫助客戶得到他們真正想要的東西時，你能成交的機會遠遠高於那些只是單純為了成交而強推產品的情況。我遇到的企業主越多，就越被他們想要幫助他人的驅動力所打動。

激勵你的團隊

在我最近共同帶領的祕魯領導力遠征旅程中，我遇到一位讓我特別印象深刻的企業領導人。他有著強烈的使命感，要培養並激勵自己的團隊。

他曾是一位海軍陸戰隊員，現在則是一位出色的領導者。他打造了一家營收達九位數、從事政府合約工作的公司——這是一條很多退伍軍人會嘗試、但很少人真正成功的轉型之路。

在旅程中觀察他與一位資深主管的互動，讓我明白他為什麼能取得如此卓越的成就。這位主管是他特別帶來參加這趟遠征的。整趟旅程中，他把這位女性主管當作同儕看待，而不是部屬。在這段旅程裡，她是他的夥伴，而他對她完全坦誠，不僅分享登山技巧，也與她分享如何在公司中能有更出色表現、推動企業成長的想法。

雖然很清楚他是她的上司，但更明顯的是——他投入心力，希望她成為更優秀的領導者。

當你在這樣的人——一個在乎你成功的人——手下工作，你會被激勵，想要做得更好。

你對創業感興趣嗎？成為第一次創業者有幾種不同的方式：

- 與某位老闆合夥，投入他們的新創或既有事業。常見的例子包括直銷品牌（如賀寶芙）、加盟事業，以及所謂的「商機型」創業。
- 購買一家現有的企業。若那家公司正陷入困境，可能正好需要你的能力來翻轉局勢。
- 從零開始創業，自己擔任創辦人或與人合夥創辦。

接下來我們會逐一看看這些選項，了解你的銷售技能如何幫助你順利轉型為企業主。

擁有大型事業的一部分

新創業者常見的一種方式是透過投資一家既有的組織來初步涉足創業。這類企業有幾種不同的運作架構。

直銷型企業不僅希望你銷售他們的產品，還要你積極招募他人也來建立類似的銷售事業，而你也能從他們的銷售中獲得收入。

加盟業者則沒有招募的要求，但他們必須專門銷售該品牌的產品或服務。而所謂的「商機型」創業，通常是指向母公司租用設備、購買庫存，以此來創立並經營你的事業。販賣機就是這類模式的經典例子。

不論你是為安麗銷售產品，成為麥當勞加盟主，或是在你所在的城鎮取得「美瑞家政」（Merry Maids）或「利百瑞報稅」（Liberty Tax）的經營權，這些模式都有一些共通之處：你現在是企業主，但同時也是全國甚至全球組織的一部分。

這種方式的優勢在於：你買入的是一個已驗證的品牌與營運系統。你背後有一個全國性組織提供資源協助你成功。你會拿到話術腳本、合作過的供應商名單，還能受益於全國性的品牌行銷。

缺點呢？這種模式通常伴隨大量規定：你必須遵循對方的營運手冊、執行他們當月規劃的促銷活動、支付維持門市更新的費用等等。

如果你是一個極度獨立、重視自由的人，你可能很快就會覺得這種模式綁手綁腳。

接手經營一間企業

有些銷售人員以另一種方式踏入共同經營的領域。他們不尋找全國性的大型組織，而是發掘那些經營困難的小企業主，並認為自己可以提供幫助。然後，他們取得部分持股，並運用自己的銷售技能來讓公司成長。

這可以透過購買企業的股權來實現，有時也可以是「血汗股權」（sweat equity），也就是你透過實際的銷售成果來換取股份。與替別人公司銷售不同，當你是股東之一並且營收提升時，你會直接受益於這些新增的利潤。

還記得我那位朋友大衛嗎？那位音樂產業的創業者？你可能記得他總是要求在他參與的計畫中持有百分之二十的股權。直到今天，他仍持續在其他人的公司中擔任股東，只是現在他飛得更高了。我最近一次和他聯絡時，他正在投資一家生產特殊型態益生菌的新創公司。

憑藉他高超的銷售技巧，他的目標客戶是誰？像拜耳（Bayer）這類的大型藥廠。他正在與這些大企業的高層談生意，而且比以往任何時候都還成功。

他的利基市場不是創立自己的公司，而是善於發掘有潛力的產品，然後以銷售合作夥伴的身分，換取利潤分成。

你是否曾經走進一家零售店，發現他們的產品不錯，卻明顯經營困難，然後心想：「如果是我來做，我一定可以做得更好」？如果你有過這種想法，那你可能會對購買一家現有的企業感興趣。

這也是我自己在創業初期做過的一件事。我爸爸有一位表親叫鮑勃，來自新澤西，個性粗獷，是個經營空運貨運公司的老闆（我們家族裡都知道他講話總是滿口髒話）。鮑勃把他的貨運公司慢慢從東岸拓展到西岸。我很熟悉鮑勃和他的公司，因為我念大學時曾幫他開過幾趟車，以賺取學費。當我從夏威夷回到加州定居後，有一天接到鮑勃的電話。

「嘿，鮑勃，怎麼啦？」我問。

「我在加州有幾個貨運業務做得不太好，」他告訴我，「你要不要來幫我處理一下？我正在考慮要不要全部收掉。」

我決定幫忙，並成為他的區域總監。沒過多久，他就把其中一間公司直接丟給我處理。這家位於南加州的分公司正在虧損，而我又是家人，所以他就直接交給我了。鮑勃認為我有足夠的銷售與領導能力來挽救這間公司。

你可能會驚訝，這種情況其實發生得很頻繁——當一間公司有某個地區或部門經營不善時，老闆只想盡快處理掉它，因為那會拖累整體績效。這也正是那些擁有強大銷售能力與全新活力的人絕佳的切入機會。

當我評估這家貨運公司的狀況時，我發現它一直管理不當。不幸的是，鮑勃沒辦法緊盯這麼遠的一個地區，導致這個營運點只產生了些微成果，而且情況正慢慢惡化。

值得一提的是，我接手這間公司時，正值我人生中一個非常棘手的階段。首先，我從來沒有處理過企業轉虧為盈的案子；再者，我那時剛和太太新婚，我們窮到快繳不起房租！當我選擇接下這件事而不是去找一份穩定工作的時候，我太太覺得我瘋了。

當我開始分析這間公司的營運狀況時，我發現他們正在從事好幾種不同類型的貨運業務。但其中只有一個業務項目真正有利潤：長途運輸、機場對機場、未滿載貨運。從亞洲飛抵美國西岸的貨物需要被拆分、依照目的地分類，然後再運送到最終目的地。這些目的地分布在美國與加拿大各地。既然這是整個營運中唯一賺錢的部分，我就砍掉了所有其他的業務項目，專注在發展這個部門。

同時，我還得想辦法付得起房租。我接手這個地點時，還順便「繼承」了一堆沒人認領的貨物，這些貨物已經積了好幾年。所謂「死貨（dead freight）」指的就是那些被客戶遺棄、沒人來取的貨，只會堆在倉庫裡占空間，完全沒收益。

一旦貨物的法定等待期一過，我們立刻開始把這些貨賣給任何願意買的人。你要知道，那時我們的團隊急需現金。但憑藉著我們的銷售能力和一點也不怕丟臉的態度，我們週末會到機場附近的海灘，直接在路邊賣貨。

我會做任何事，只為了讓人停下來看看我們有什麼東西在賣。如果我在賣女裝，我就會穿上一件亮黃色的洋裝，然後在胸前塞兩顆大氣球。瘋狂吧！我以前做過銷售，但從來沒有像這樣賣過東西。

靠著賣這些被遺棄的貨物只賺了幾千美元，但這筆錢讓我們撐了下來。幸運的是，業務的其他部分開始快速成長。

這是我第一家比較像樣的企業，也是在這裡我學會了什麼叫真正的企業主。我經歷了整段創業旅程中的高低起伏、風險與勝利，也發現我熱愛這一切：想新點子賺錢、解決問題、找到更好的銷售方式、簽下新客戶。

這間貨運公司又持續營運了幾年，直到貨運業開始解除管制。當政府不再規定固定的運費時，運輸費用迅速崩盤，而這種類型的貨運業務——尤其是像我這種規模的營運——很快就變得無利可圖。我關掉了這間公司，轉而尋找下一步。

儘管這門生意沒有持續下去，但接手一家現有企業，對我來說是一個絕佳的創業起點。我在那段期間為貨運公司團隊進行了大量有關銷售與領導力的訓練，而且我發現自己非常喜歡這件事。

那段訓練的經驗——以及我從中學到的如何經營一間成功企業的教訓——最終促使我創辦了我現在經營的訓練公司。回頭看，我認為這次接手生意的經歷，是我為創業做的最佳職涯準備之一。

「對，這完全就是我想做的！」柴克說。

好，那我們接下來就來談談這個話題。

創業

有些人天生就是企業家。他們小學的時候賣檸檬水，高中時辦後院暑期營隊，大學宿舍裡寫App。他們總是不斷在動腦筋找商機。

但我認識的許多創業者，其實是因為剛好在對的時間出現在對的地方。他們對某個問題有了創意想法，或是在某個時刻看到一樣有趣的產品，開始對它產生好奇。某個瞬間，他們靈光一閃，決定更深入地發展那個想法，不久之後，他們就開始創業了。

你也可以這樣做。你可能找到了一群有特定問題的受眾，然後開發出一個解決方案；或者你手上已經有一個產品，然後開始尋找那些會需要它的人，於是你踏上了創業之路。

有時候，甚至是因為你在某個老闆底下工作過一段時間，然後你意識到——你不想再為別人賣命了，你想成為那個有決定權的人。

我朋友肯．麥克羅伊，他在西雅圖長大。大學畢業後——那時還沒有網路——他找到一份工作，替一位房地產管理公司老闆工作。他的工作是實地去收房租。他得跑遍公司名下的公寓，一戶戶去敲門、收租金支票，然後交回給物業管理人。

幾個月後，他告訴我他有了一個重大的領悟。

他說：「我想要有人把支票交給我，我不想當那個收完支票再交給別人的人。」

肯意識到自己想要開始投資出租房地產，並建立自己的物業管理公司。如今，他已經是一位成功的房地產開發商與投資人。

主動聯繫／打電話給所有企業主

如果你是一位銷售人員，而你的目標是成為企業主，那你就必須培養出堅韌不拔、永不放棄的態度，這是成功創業所必備的心理素質。而主動打電話可以幫助你培養這種態度：你會學會如何面對恐懼，並了解人們真正想要的是什麼，而這正是一項關鍵的領導能力。

我曾參加過一場由丹．甘迺迪（Dan Kennedy）主持的行銷活動，他是直銷行銷史上最偉大的人物之一。他在現場向數百位與會者發問，請大家舉手表達是否曾以主動打電話做為自己職涯的起點。結果，全場超過一半的人舉了手！

「因為你們當中很多人是我『核心圈』的一員，我也知道你們正是這個房間裡最成功的一批企業主。」甘迺迪補充說。

為什麼主動打電話會是這麼多創業者的共同背景？原因有很多：它讓你學會讓渴望大於恐懼。你會變得不再害怕被拒絕。你會不輕言放棄。你會學會快速建立信任感、找到人們的動機，並幫助他們踏出下一步。

把主動打電話視為邁向更高目標的墊腳石：它幫助你邁向企業主的角色，踏上一條由你主導的職涯道路。

這就是我最喜歡當企業主的一點：如果我的事業需要收入——或者我個人需要——我有信心也有能力知道該怎麼把錢帶進來。

就像當年我在貨運公司，為了付房租，把沒人認領的洋裝拿到路邊去賣一樣，我總是能想出在事業中產生收入的方法。

多年來，當現金流偶爾緊張時，我的會計師或我太太會帶著擔憂的表情來找我說：「我們需要現金，就現在。」

那時候，我就會開始動腦筋，信心就會被激發出來。我會想：「我知道該怎麼創造收入。來吧，讓我們開始動手！」

重新包裝課程、銷售突擊活動、限時特價、預售方案、新產品推出……只要你懂得銷售，這些方法是無窮無盡的。

然後，我會擬定計畫並付諸實行。事實上，一旦你掌控自己的事業，你就能隨時創造額外收入，只要你想。

把握機會成交

有一次，一家大型保險公司聯繫我，他們正在為旗下的直銷部門尋找銷售訓練講師。他們已經面試過幾位頂尖的訓練師，包括東尼·羅賓斯（Tony Robbins），但仍然想和我談談。

我很快就知道他們為什麼還在找人了。他們告訴我：「東尼·羅賓斯要幾十萬美元的費用！我們真的很需要提升銷售表現，但我們根本沒預算付得起那種金額。」

我想了一會兒，然後問：「你們能不能辦一場會議，讓你們的業務人員以每人一百美元的票價參加？」

他們說可以，我接著詢問是否願意讓我在活動現場銷售產品。他們同意了。他們會負責會場費用，並保留每張一百美元門票的百分之七十，而我所銷售的其他產品收益，則是雙方對分。

我對自己能賺錢很有信心，因為我有銷售能力。我對保險公司的高層說：「如果我賣不出去，那我根本不該訓練你們的銷售員。」

我們就這樣合作了兩年半的時間。我在全球各地的會議上每場訓練二百五十～一千名銷售人員。每一場，我都會推銷自己製作的銷售與領導力音頻課程。我們還共同開發了一套管理訓練課程，並一同販售。

結果怎麼樣呢？該部門的年度保費銷售額從四億美元成長到十五億美元，營收成長了三倍。他們的招募人數也成長了百分之三十六，而這正是直銷事業成功的關鍵之一。

至於我呢？我當然做得非常好！

但聘請我的那位主管，卻對我從這場創業式銷售合作中賺到的錢越來越不滿——因為我賺的遠遠超過他的薪水。有一天晚上，他剛好在我家附近參加一場會議，他打電話給我，請我過去聊一聊。

他說：「我已經撐不下去了，我受夠了這種賺不到錢的生活。」

在跟我談完之後，他辭掉了工作，並成為我公司中最成功的加盟商之一。我們後來成了好朋友——而且他也變得非常有錢。

一對多的優勢

創業成功的一個最大祕密就是創業者能夠做到兩件事：同時對大量潛在客戶進行教學與銷售。與其一對一銷售，你若能做到一對多銷售，就能同時完成好幾件事。

因為當你站在舞台前、或是在視訊會議上發表演講時，會有四件事發生。

1．你擁有槓桿效益

具體來說，你擁有時間效率的槓桿。與其一次只和一位顧客交談，你現在聚集了一群潛在客戶，可以一次向所有人發表你的銷售簡報。這讓你能更有效地運用寶貴的時間。當一群潛在客戶聚集在一起時，還會出現「群體心理效應」——如果你能在現場注入熱情與價值，這種氛圍會像野火一樣蔓延。只要有幾個人願意向你購買，其他人很可能也會被說服，認為他們也該買。

2．立即建立信任感

大多數人對公開演講感到極度恐懼，因此當你走到台前面對整個會場發言時，觀眾會立刻對你印象深刻。他們會認為你一定知道自己在講什麼，因為你有足夠的自信站上台面對群眾。

3．更大的存在感

當你以專家的姿態出現時，吸引力法則就會啟動。人們會被你吸引，想和你做生意。你不再只是個賣東西的角色，不再只是某項產品或服務的提供者——你變成了一位意見領袖，一位專家。

4．互惠心理

當你站在觀眾面前時，你有機會教他們一些東西。換句話說，與其只做一場銷售簡報，你可以先為整個群體帶來價值，例如給他們一些能幫助他們的生意或生活的小技巧。為什麼要這麼做？這就是所謂的互惠心理。當你向潛在客戶分享你的專業知識時，會建立信任與連結。你提供了實用且免費或低成本的資訊，而當人們覺得你帶來了價值，他們會更願意和你做生意。

如果想要擴展你的影響力，又不想花錢買社群廣告或媒體曝光，那就去出現在每一個你能站上台的場合，並且教他們一點什麼。準備一個簡短的簡報，比如：關於銷售的價值、增加收入的五個步驟，或是如何在市場中找到尚未開發的商機——只要是你知道而對他們有幫助的內容，都可以分享。當你完成簡報的教學部分後，就可以順勢進入銷售階段，開始介紹你所提供的產品或服務。

我第一次舉辦團體活動是我為博羅公司在夏威夷銷售辦公設備的時候。那時我原本應該做的是一對一的冷電話拜訪。雖然我已經很擅長這件事了，但我非常討厭它。

然後我突然想到一個點子：為什麼不把我負責區域內的所有辦公室經理都邀請到我們分公司，然後一次性地向他們簡報？如果他們願意來參加，那他們就已經是一定程度上的合格潛在客戶，而一對多的簡報對我來說也會更有效率。

於是我在當地商業報紙上刊登了一則廣告，內容是一場免費的商業講座，附上免費點心招待，還有搶先一覽最新辦公機器科技的機會。這場講座是在星期五下午三點，在博羅公司的辦公室舉辦。

為什麼選在星期五下午三點？因為在夏威夷，大家週末前都想提早下班，所以我就給他們一個光明正大的理由可以早退。

到了活動當天，大約有十幾位潛在客戶出現了。我走到台前，介紹了我們最新的機型。接著，我請我們其中一位技術人員上台，帶著現場觀眾逐步了解這台機器的功能。

棒！我當場就談成了好幾筆銷售！我陸續又舉辦了幾場活動，很快我就成為區域的銷售冠軍。

亮點妙想

你覺得自己對公開演講不夠了解，沒辦法教人東西嗎？這裡有個祕訣：你不需要是最頂尖的專家，才能成為一位令人印象深刻的講者。只要你分享你自己的經驗，或是你在事業中的實際經歷就足夠了。舉例來說，你是否擁有客戶寫給你的優質推薦信？那你就可以教大家如何從優質客戶那裡獲得強而有力的推薦信。

「柴克，你現在在銷售工作中已經學到一些東西了。我敢打賭，如果他們要你招募更多業務人員，你完全可以上台演講，說服一些人加入團隊。」

「我不知道，」他說，「也許吧？」

「相信我，我把我學到的一切，都轉化成了我後來教的內容。我開始對銷售心理學和建立自信的必要性產生興趣，然後我寫了一本書叫做《管好自己的小聲音》（*Little Voice Mastery*）。接著，我就開始教我在寫這本書過程中所學到的東西。」

你學會一樣東西，然後再教給別人——就這麼簡單。

好消息是：這個行之有年的銷售系統早就存在了幾千年，只要你不斷練習，你就會越來越擅長。

Chapter 11

七個關鍵銷售步驟

最後，讓我們來總結一下，把整個銷售流程再次濃縮，回顧我之前所講的一切。當你真正去思考，其實銷售這件事簡單到足以寫在一張小小的名片上，放在錢包裡隨時提醒自己。

1. 首先，把自己推銷給自己。建立自信！
2. 找出你的目標客戶是誰，並思考你要怎麼與他們建立聯繫。
3. 問客戶很多問題，了解他們想要什麼、為什麼想要、預算是多少。傾聽並從答案中學習。
4. 根據他們剛剛說的話，介紹你的解決方案。
5. 聆聽並處理他們的異議，這樣你才能真正幫助他們。
6. 進行成交並提出行動號召，讓他們知道該怎麼購買。
7. 後續跟進，確認一切順利，並請他們提供推薦信與轉介紹。

在前面的章節中，我介紹了許多進階技巧與創意做法來執行這七個步驟中的每一項，但上面這七點，就是整個銷售流程的基本核心。

請記住，當你第一次與客戶見面時，一定要多問問題。我怎麼強調都不夠。你要像一名偵探一樣蒐集線索。隨著時間過去，持續修正與優化你的問題清單，讓你能問出真正有深度、能引導客戶說出關鍵資訊的好問題。

務必要問客戶：他們想要什麼，以及為什麼想要。了解他們的「為什麼」，能幫助你掌握你的解決方案中最能吸引他們的那一部分。

想一想你有沒有曾經弄丟鑰匙，找了很久，最後終於找到的時候那種鬆了一口氣又興奮的感覺——當你幫客戶解決他們的問題時，你也可以讓他們有那樣的感受。

如果你還不是一位有經驗的銷售人員，銷售這件事讓你感到困難，很可能是因為以前從沒有人教過你。好消息是：這個行之有年的銷售系統早就存在了幾千年，只要你不斷練習，你就會越來越擅長。

大多數人連第一步都還沒走完就放棄了。不要放棄！展望未來：持續練習！你可以在家自己練習，或是在工作中和同事一起練習。你會發現，當你越能幫助更多人得到他們想要的東西，這個世界也會越願意給你你想要的東西。

柴克給新手銷售員的建議

隨著時間推移，柴克在瓶裝水銷售工作中逐漸取得穩定的成功，最後甚至獲得公司提供的銷售經理職位。以下是他給新手銷售員的一些建議：

- 一開始就要知道，並不是每個人都會說「好」——那沒關係。就連我爸都曾被人當面甩門。但他還是繼續前進。
- 要非常有自信，但不要自負。你可以對產品有信心、對自己有信心，或對潛在客戶需要這個產品有信心。去強化你最有信心的那個面向。
- 你必須讓客戶喜歡你。記住，要先把自己「賣出去」。
- 多跟人講話。你接觸的人越多，就越可能遇到想要你產品的人。
- 如果你覺得缺乏自信，試著把銷售和讓你有信心的其他事物連結起來。
- 你最喜歡做的事情是什麼？在跟潛在客戶對話前，想像自己正在做那件事。

如果柴克能從零開始建立起一份銷售職涯，你也絕對可以。

資源篇：臨別贈言

你與你想要達成的目標之間的距離，不一定要花上好幾年。有時候，那可能只差幾秒鐘。真正的距離，其實是在你右耳與左耳之間——這正是我希望你從這本書中帶走的訊息。你不需要是火箭科學家，不需要擁有博士學位，甚至不需要高中畢業，也能懂得如何幫助人們獲得他們想要的東西。

只要你懂得如何幫助別人解決問題，這個世界永遠會善待你。現在你已經擁有了這些工具——銷售的步驟與執行每一步的技能，能讓你出色地完成每一次銷售。

你或許會想知道，柴克在他那段艱辛的瓶裝水銷售工作之後過得如何？如今，他有了一份新工作，在我的公司裡負責我們書籍的發行。這是一個充滿創業精神的角色，他有相當大的自主權，可以為全球書籍銷售發展出新的策略。

他現在對進一步學習銷售非常興奮，也準備好要嘗試發揮自己的商業創意。而我也感到開心與驕傲，能有這樣一位訓練扎實的銷售人才加入我們的團隊。

我給他什麼建議，讓他能在我的公司成功呢？永遠不要停止服務他人。照顧好你的客戶，他們就會照顧你。

如果你想踏入銷售這條路，那就去賣一個讓你感到興奮、有熱情的東西。當一個人對自己賣的產品、它帶來的成果，或他所工作的公司感到明顯興奮時，這種熱情是會傳染的。

而那些能夠培養出這種熱情的人，最終會成為更好的領導者。為什麼？因為銷售與領導本質上是一樣的事：你正在影響或說服某個人去做一件他原本不會主動去做的事。

你邁向領導的道路，是透過銷售鋪出來的。傳遞願景、開啟可能性與機會、幫助他人實現夢想——這就是能夠吸引一支優秀團隊的原因，是當你需要資金與投資者時他們會被你吸引的理由，也是當你面對逆境快撐不下去時，能讓你繼續挺住的力量。

去和很多人交談。搞清楚他們想要什麼。然後幫助他們得到它。

閃閃發光吧！做一個令人驚豔的人！

給銷售人員的免費資源

對學習更多銷售技巧有興趣嗎？我提供了一些實用工具和影片頻道，你可以免費使用這些資源。

・銷售狗診斷工具

你是哪一種類型的銷售人員？要如何運用這些優勢為自己創造效益？趕快測看看，揭開你的銷售本能：https://lingye.vip/ZGcwN

・「小聲音」診斷工具（Little Voice Mastery）

你對自己的負面想法是不是正在阻礙你成為優秀的銷售員？透過這份測驗找出真相：https://www.blairsinger.com/lvm-diagnostic/

或參考《管好自己的小聲音》一書。這本書將教你如何在三十秒內快速有效地管理你的「小聲音」！

・YouTube 教學影片

加入超過一萬三千位訂閱者，免費獲得銷售、商業與生產力相關的技巧與建議：

https://www.youtube.com/@BlairSingerSpeaker/videos

更深入的銷售學習資源

想更深入提升你的銷售知識嗎？歡迎與我多年的事業夥伴 Steve Huang 所創辦的苓業國際教育學院聯繫，其一九九六年創立至今協助超過十二萬名企業家，家庭事業更幸福成功快樂。提供熱愛學習的你下方學習資源供參閱！

・兩小時實戰培訓課程

參加兩小時實戰培訓課程讓你換取少打拚二十年的時間。報名：https://lingye.vip/qPQG4

・布萊爾・辛格 **TikTok** 連結

https://www.tiktok.com/@blairsinger958

・布萊爾・辛格臉書連結

https://www.facebook.com/profile.php?id=61568353273711

聯絡我

如果這本書幫助你踏入銷售領域，或讓你提升了銷售技巧，我很希望聽到你的故事。有沒有什麼問題是這本書沒回答到、但你覺得我該放進下一版的？對我的某個課程有疑問嗎？

讓我們聯繫一下吧。你可以寫信至：service@lingyetraining.com，或致電苓業國際教育學院致富專線：02-23780098

請記住：你很棒，而且你辦得到。大聲喊出你的名字，擁抱你的力量！

如果你能擺脱激烈的競爭，
從個體經營轉變成完全擴張的事業版圖，
實現你傑出成就的生活方式……
還有會行銷自己的品牌，會是什麼樣子？

這會是你想要參與的冒險旅程嗎？

BLAIR SINGER'S
APEX
布萊爾·辛格頂尖經營系統

建立你的事業就像攀登世界
七大高峰之一的吉力馬札羅山

在你的探險開始前，你必須爲攀登做好計畫，並且選擇你的探險隊。當你在攀登時，你必須處理阻力，並且想辦法到達某個里程碑。若做錯了，就不可能達到頂峰。

布萊爾辛格頂尖經營系統能幫助你：

- 評估目前的事業狀況
- 使用獨特的PERT技巧來爲你的提升做好規劃
- 凝聚你的團隊
- 處理面臨到的阻力
- 強化銷售、溝通及行銷
- 成爲強而有力的商業領導者及老師
- 全面擴展你的事業版圖
- 將你從你的事業中抽離出來，並且爲你帶來更多財富

如果你是勇於冒險的企業家，已經準備好要像攀登吉力馬札羅山一樣提升擴展你的事業版圖…

聯絡我們

02-2378-0098　https://lingyetraining.com
02-2378-0100　service@lingyetraining.com

專|屬|的|私|人|訓|練

Master Facilitator Program

台上影響力
終極大師訓練大師課程

一個好的領袖 同時也會是個偉大的老師
-全球首席商業教練 布萊爾·辛格

提升台上影響力 超越普通「領袖」的境界!

您將學到

1. 在任何情況下掌握任何場合，包含快要失控的情況!
2. 引發強而有力的能量，轉換成一份寶貴的改變歷程!
3. 在突發狀況下，帶領、教學、激發您的聽衆，同時充分掌握及擁有主導權。
4. 能優雅地處理任何困難的情況，包含那些已經在 情緒上的聽衆，扭轉情勢並獲得正向結果。

注意!以下幾種人不適合上課

不願意誠實面對 自己小聲音的人	只想學技巧 不願意開放的人	喜歡抱怨的人

✦只給想透過發掘自身能力，對世界貢獻的領袖✦

想了解更多詳情，歡迎致電 02-2378-0098

View_ 觀點 09

每一天的銷售策略

——「溝通銷售力」讓你不被 AI 取代！實現自我致富人生的懶人包。

SALES STRATEGIES FOR EVERYONE

作　者	布萊爾・辛格（Blair Singer）
譯　者	褚婷
主　編	林慧美
校　稿	吳青靜、尹文琦
封面設計	倪旻鋒
視覺設計	王睿秋
發行人兼總編輯	林慧美
法律顧問	葉宏基律師事務所
出　版	木果文創有限公司
地　址	苗栗縣竹南鎮福德路 124-1 號 1 樓
電　話	（037）476-621
客服信箱	movego.service@gmail.com
官　網	www.move-go-tw.com
總經銷	聯合發行股份有限公司
電　話	（02）2917-8022
傳　真	（02）2915-7212
製版印刷	禾耕彩色印刷事業股份有限公司
初　版	2025 年 7 月
初版三刷	2025 年 8 月
定　價	390 元
ISBN	978-626-99677-3-5

First Edition : March 2025

* 苓業國際教育學院授權木果文創有限公司出版及發行。

國家圖書館出版品預行編目（CIP）資料

每一天的銷售策略：「溝通銷售力」讓你不被 AI 取代！實現自我致富人生的懶人包。／布萊爾・辛格（Blair Singer）著；褚婷譯 . -- 初版 . -- 苗栗縣竹南鎮：木果文創有限公司 , 2025.07

288 面；16.7*23 公分 . --（View_ 觀點 ; 09）
譯自 : Sales strategies for everyone
ISBN 978-626-99677-3-5（平裝）

1.CST: 銷售　2.CST: 銷售管理　3.CST: 成功法

496.52　114006987

Printed in Taiwan